BARF
Biologisch Artgerechtes Rohes Futter

Die artgerechte Ernährung des Hundes mit BARF

Mit Tabellen, Futterplänen, Literatur- und Linktipps

Swanie Simon

Verlag Drei Hunde Nacht
Münchweiler, Deutschland

Weitere Infos zur Ernährung des Hundes finden Sie unter:
www.barfers.de
www.gesundehunde.de

Swanie Simon
BARF - Biologisch Artgerechtes Rohes Futter für Hunde

1. Auflage 2000
6. Auflage, November 2014
Veröffentlicht im Verlag Drei Hunde Nacht
© Verlag Drei Hunde Nacht, Swanie Simon
Satz, Umschlaggestaltung und Fotos von Swanie Simon
Druck: Die Druckerei, Neustadt an der Aisch
Printed in Germany
ISBN-10: 3-939522-00-7
ISBN-13: 978-393952200

Inhalt

Vorwort

Vermutlich haben Sie diese kleine Broschüre gekauft, weil Sie schon etwas über BARF gelesen oder gehört haben und sich weiter informieren wollten. Oft ist die Auseinandersetzung mit dem Thema Rohfütterung für Hunde gerade für den Anfänger verwirrend, da es so viele unterschiedliche Meinungen, Konzepte, Theorien und auch Warnungen dazu gibt. Diese Broschüre ist solchen Lesern gewidmet.

Folgend ein Auszug aus einem Artikel, den ich 2007 für das *Gesunde Hunde Magazin* geschrieben habe zum Thema Polemik um BARF.

Das Brimborium um B.A.R.F.

Barfen ist in, jeder hat's erfunden, jeder weiß es besser. Es gibt echte Barfer, Teilbarfer, Vollbarfer, hardcore Barfer; es gibt Ursprungsbarf, Hühnerbarf, original BARF, TCM BARF, gekochtes BARF (?!); BARF nach Billinghurst, BARF nach Lonsdale, BARF nach Schulze, usw. usf. Barfer bekriegen und beschimpfen sich gegenseitig; bestimmte Bücher oder Ernährungspläne werden fast religiös befolgt, alle anderen Rohfütterungsansätze als unseriös abgestempelt. Menschen, die vor zwei oder drei Jahren in Internetforen noch schrieben, dass sie auf Rohfutter umstellen möchten, schreiben heute als Experten, die mindestens zehn Jahre oder besser noch „schon immer gebarft" haben. Ja, sogar ihre Eltern und Großeltern „barften".

Derjenige, der die meisten Nährwerte, Statistiken und „wissenschaftlichen" Studien zitiert und mit den meisten medizinischen Fachbegriffen um sich wirft, hat zweifelsohne die meiste Ahnung. Immer kompliziertere Formeln werden zur Nahrungszusammenstellung erfunden und die Fütterung der Hunde wird wieder zur undurchschaubaren Wissenschaft.

Von anderen, nämlich der „Fertigfutter Fraktion" werden die Barfer als leichtsinnige, verantwortungslose Fanatiker bedauert. Man vergleicht die Barf-Bewegung mit einer Sekte, die ihrem Guru hörig ist. In der Tat sind viele Barfer fanatisch und zeigen wenig Toleranz gegenüber Andersdenkenden und Andershandelnden. Immerhin sind es schon sechs Monate her, als sie noch Fertigfutter fütterten! Probleme mit der Rohfütterung werden oft als Inkompetenz der Hundebesitzer abgetan. Der eventuell interessierte Hundebesitzer wird doppelt verunsichert; einmal durch die Propaganda der Fertigfutterindustrie und nochmals durch die Dispute zwischen diversen Barfern.

Was ist passiert?

Das Thema BARF, wie fast alle Themen rund um den Hund, ist sehr emotional besetzt. Hundebesitzer, die jahrelang und für viel Geld nach einer Lösung der Gesundheitsprobleme ihrer Hunde gesucht haben, fanden zum nicht unerheblichen Teil eine Lösung in der Rohernährung für Hunde. Wenn man einen langen Leidensweg hinter sich hat und eine so simple Lösung findet, neigt man dazu es jedem erzählen zu wollen. Das erklärt auch die rasante Verbreitung des BARF Konzeptes.

Wenn man in seinem Mitteilungsdrang auf starken Widerstand trifft, lässt der Fanatismus nicht lange auf sich warten. Man befindet sich oft in einer Verteidigungsposition und nimmt eine defensive Haltung ein. Es ist in der Tat nicht einfach etwas zu tun, das oft von Züchter, Tierarzt, Tierheim, Hundetrainer und der Familie negativ und argwöhnisch betrachtet wird. Man lernt immer mehr über die Ernährung um fachlich argumentieren zu können, man sucht Gleichgesinnte. Man will immer überzeugen, denn man ist von dem ständigen Widerstand verunsichert und braucht überzeugende Argumente, um sich selbst zu bestärken. Problematisch wird es, wenn das angeeignete Wissen ein einfaches Konzept zur Wissenschaft werden lässt. Dann kommt es vor, dass der ursprüngliche Gedanke verloren geht.

Wir leben in einer Zeit, in der eine gewisse Unzufriedenheit in unserer Wohlstandsgesellschaft zu spüren ist. Menschen suchen Antworten, suchen nach ihren Wurzeln, nach dem Sinn des Lebens. Religionen und Sozialsysteme versagen, befriedigen unser Bedürfnis nach Sicherheit, Spiritualität und Identität nicht mehr. Es gibt eine starke Bewegung, die man als „Back to Nature" bezeichnen könnte. Bio ist in, Natur ist in, vieles, was die Menschheit als Fortschritt angesehen hatte, entpuppt sich als Fehler – wir merken zunehmend, dass etwas schief läuft. Die Tendenz ist zurück zu gehen, die einfachen Sachen, die natürlichen Sachen, den Ursprung im Leben neu zu entdecken. Das betrifft insbesondere auch unser liebstes Haustier, den Hund.

Was als Verzweiflungstat begann, wird zum Trend. BARF ist natürlich, BARF ist in. Der Hundebesitzer, der artgerecht mit seinem Hund umgeht, möchte ihn auch artgerecht ernähren. Man will das Natürliche, aber bitte mit wissenschaftlichen Beweisen. Nur beweist die Wissenschaft oft in diesem Jahr das Gegenteil vom letzten Jahr. Oder verschiedene wissenschaftliche Studien liefern sich völlig widersprechende Ergebnisse.

Was kann man überhaupt noch glauben?

Man kann der Mutter Natur glauben. Sie ist es, die uns „erfunden" hat und sie ist es, die den Hund erfunden hat (nein, ich war's wirklich nicht). Sie hat allen Tieren ein Verdauungssystem gegeben, das auf eine bestimmte Nahrung zugeschnitten ist. Sie hat ein perfektes System geschaffen, in dem alle Lebewesen in Balance leben können. Einige Tiere fressen Pflanzen, einige Tiere fressen andere Tiere, einige Tiere fressen alles und dann gibt es noch den Menschen …

BARF ist keine Erfindung eines Menschen. Kein Mensch hat einen Anspruch darauf es sein Eigen zu nennen oder die letzte Weisheit zur Hundeernährung für sich zu beanspruchen. Die Fertigfutterindustrie hat dies versucht, zumindest in Bezug auf Hundeernährung, und sie hat versagt.

BARF ist ein einfaches Konzept. Der Hund ist von seiner Natur her ein Karnivor, also ein Fleischfresser. Ein Fleischfresser sollte Fleisch fressen. Fleischfresser fressen in der Natur andere Tiere, denn Tiere bestehen aus Fleisch (und ein paar anderen Komponenten). Folglich ist das Fressen von Tieren, ihrem Fleisch (und anderen Komponenten) die einzig richtige und die einzig natürliche Nahrung für Karnivore.

So einfach ist das.

Die Tatsache, dass Karnivore auch mal was anderes Fressen als ein Tier, z. B. Kot, Erde, Kräuter oder Insekten, macht sie nicht zu Omnivoren (Allesfressern).

Der Ausgangspunkt des BARF-Konzeptes ist also die Fütterung von ganzen Beutetieren im unbehandelten Zustand. Man darf davon ausgehen, dass diese Nahrungsgrundlage ziemlich alles enthält, was der Hund an Nährstoffen braucht. Da die Fütterung von ganzen Tieren für fast alle Hundebesitzer nicht praktisch realisierbar ist, ist man gezwungen die Nahrung aus verschiedenen Bestandteilen selbst zusammenzustellen.

Die Handhabung der Nahrungszusammenstellung ist der Punkt, an dem sich die BARF-Geister scheiden, regelrecht bekriegen. In Internetforen wird seitenlang diskutiert, ob der Hund nun Getreide braucht oder nicht, ob der Hund nun Kräuter braucht oder nicht, ob der Hund nun Gemüse braucht – und wenn, dann gekocht, gedünstet, fermentiert oder roh? – oder nicht. Man kann sich jahrelang mit diesen überaus wichtigen Fragen beschäftigen, es werden Studien, Beweise und Indizien vorgebracht um den einen oder anderen Standpunkt zu untermauern. Der Wolf wird beobachtet und analysiert; frisst er nun den Mageninhalt des Beutetieres oder nicht? Wildhunderudel müssen als Beweis herhalten, man wundert sich nicht über den Titel des neuen Buches von Günther Bloch; „Die Pizza Hunde". Vielleicht ist Pizza artgerecht???

Es werden Daten, Tabellen und Studien der Fertigfutterindustrie und deren gesponsorten Wissenschaftlern hinzugezogen, um die perfekte BARF Mahlzeit zu berechnen. Kaum einer überlegt, dass industriell verarbeitetes Futter ganz anders verwertet wird als frische, unbehandelte Nahrung. Kaum einer bedenkt, dass die Fertigfutterindustrie ein ganz anderes Ziel verfolgt mit ihren Studien als die optimale Gesunderhaltung unserer Hunde.

Man ist geprägt von dem Gedankengut der Industrie, die einem einbleut, dass der Hund alle Nährstoffe im richtigen Verhältnis zu jeder Mahlzeit benötigt. Dieser Gedanke ist in der gesamten Natur beispiellos. Kein Lebewesen auf dieser Erde ernährt sich so. Nicht einmal der überaus komplizierte Mensch ernährt sich nach diesem Konzept.

Alle Lebewesen, außer Hunde (und Katzen) fressen das, was die Natur gerade im Angebot hat. Sie bekommen mal mehr, mal weniger von verschiedenen Nährstoffen. Man geht davon aus, dass über einen gewissen Zeitraum die Nährstoffbedürfnisse gedeckt sind. Auch der Mensch rechnet nicht seinen Nährstoffbedarf aus, errechnet dann den vermutlichen Nährstoffgehalt seiner Lebensmittel, um dann jede Mahlzeit so zu gestalten, dass alle

Nährstoffe im richtigen Verhältnis enthalten sind.
Ein völlig absurder Gedanke, oder nicht?

Bei der Futterzusammenstellung ihres Hundes scheinen viele Menschen ihren Verstand auszuschalten und verfallen dem Fertigfuttergedanken „alle Nährstoffe im richtigen Verhältnis zu jeder Mahlzeit". Sie machen sich regelrecht verrückt in dem Versuch, die optimale Mahlzeit zu basteln. Dass viele Nährstoffe insbesondere Mikronährstoffe und sekundäre Pflanzenstoffe noch nicht von der Wissenschaft entdeckt worden sind und folglich keine Bedarfswerte vorhanden sind, irritiert sie nicht im Geringsten. Sie rechnen fleißig weiter. Wer am meisten rechnet, hat die meiste Ahnung und ist der beste Barfer.

Es ist Zeit damit aufzuhören.

Barfen ist leicht. Barfen ist keine Religion. Barfen ist einfach nur Hunde füttern. Es besteht kein Grund ein Brimborium drum zu machen. Es ist nicht entscheidend, ob der Hund ein bißchen Getreide bekommt oder 30 % statt 10 % Gemüse. Es ist nicht entscheidend, ob der Hund zwei Mal am Tag frisst oder nur ein Mal alle zwei Tage. Entscheidend ist, dass man sich am Beutetier orientiert und abwechslungreich füttert. Entscheidend ist, dass das Futter frisch und möglichst unbehandelt ist und dass man weiß, was der Hund tatsächlich an Zutaten bekommt.

Es gibt inzwischen sehr kranke Hunde in unserem Land. Einige davon vertragen bestimmte Lebensmittel nicht, andere können Futter nicht mehr richtig verdauen. Für solche Hunde muss man die Fütterung so gestalten, dass es ihnen gut geht. Wenn es einem Hund mit Milchprodukten und etwas Getreide besser geht, sollte man ihm das füttern. Wenn ein Hund Knochen nicht verdauen kann, sollte man keine Knochen füttern. Wenn ein Hund nur gekochtes Futter vertragen kann, sollte man sein Futter kochen.

Mogens Eliasen hat es treffend formuliert als er sagte; „wenn ein Hund Rohfutter nicht verträgt, liegt es nicht daran, dass das Futter nicht in Ordnung ist, sondern daran, dass der Hund nicht in Ordnung ist". BARF disqualifiziert sich als Ernährungskonzept nicht, wenn ein kranker Hund es nicht verträgt. Vielmehr bietet BARF die Möglichkeit, die Ernährung mit wenig Mühe auf die Bedürfnisse des individuellen Hundes abzustimmen.

Gesunde Hunde vetragen im Gegensatz zu kranken Hunden fast jedes Futter. Grobe Ernährungsfehler wie zum Beispiel Ernährung aus dem Sack zeigen sich oft erst nach einigen Generationen. Grobe Ernährungsfehler findet man in den meisten BARF Plänen aber nicht. Orientiert man sich am Modell Beutetier und erlaubt man den Hund auch mal diverse Wildpflanzen und Kot von Pflanzenfressern zu sich zu nehmen, wird diese Ernährungform zur Gesunderhaltung führen. Ob man ein bißchen Getreide, Milchprodukte oder andere „nicht artgerechte" Komponenten der Nahrung hinzufügt, spielt keine Rolle und führt nur zu Polemisierung des Themas BARF.

Es wird Zeit mit der Polemik aufzuhören und sich auf den ursprünglichen Gedanken hinter BARF zu besinnen, nämlich die Gesunderhaltung unserer Hunde.

... Zitatende

Das gesagt, möchte ich klarstellen, dass ich keine Ernährungswissenschaftlerin bin sondern eine Hundebesitzerin, die sich besonders für die Ernährung des Hundes und die Kräuterheilkunde interessiert. Ich kann Ihnen keine Patentlösungen bieten, ich kann Ihnen nur das, was ich weiß und was ich erfahren habe, weitergeben. Meine Qualifikation stützt sich auf 30 Jahre Hundehaltung, über 30 Jahre Rohfütterung, 22 Jahre Zuchterfahrung, eine Ausbildung zur Tierheilpraktikerin, mehrere Ausbildungen in der Phytotherapie, dutzende Seminare und Begleitausbildungen, jahrelanges Selbststudium in den Bereichen Hundeernährung und Naturheilmethoden und das große Glück, tausende Hunde bei der Umstellung auf Rohfutter begleitet haben zu dürfen.

Am meisten habe ich von den Hunden selbst und den Berichten ihrer Menschen gelernt. Ich bin immer daran interessiert von Hundebesitzern über ihre Erfahrungen zu hören oder ihre Fragen zu beantworten, denn man lernt nie aus. Scheuen Sie nicht mich anzuschreiben oder anzurufen, wenn Ihnen etwas unklar ist oder Sie ein gesundheitliches Problem mit Ihrem Hund haben.

Ich bin bemüht, diese Broschüre einfach und praktisch zu gestalten, denn 99 % der Leser brauchen keinen Beweis meiner wissenschaftlichen Kenntnisse, sie brauchen eine einfache, praktische Anleitung zum Hundefüttern. Für die Unbelehrbaren habe ich dennoch einige Tabellen eingefügt und zumindest die Vitamine und Mineralien detaillierter beschrieben. Der Druck als Broschüre dient dazu, dass diese Informationen für jeden mit 5,00 Euro erschwinglich bleiben, auch in der Hoffnung, dass Züchter sie zum Welpenpaket legen, wenn sie ihre Welpen an die zukünftigen Besitzer abgeben.

Weitere Broschüren gibt es zu den Themen BARF für Welpen, Kräuterheilkunde für Hunde, Ernährung bei Krankheit und eine Ergänzungsfuttermittel Fibel.

Zuletzt möchte ich mich bedanken, dass Sie diese Broschüre gekauft haben und somit Ihrem Hund etwas Gutes tun und meine weitere Arbeit unterstützen.

Auf meiner Internetseite www.barfers.de finden Sie weitere Infos zu den Themen BARF und Naturheilkunde für Hunde. Unter www.gesundehunde.de betreibe ich zudem ein Forum mit dem gleichen Themenbereich.

Sie können mich über meine Webseiten www.hundeheilpraktik.de oder www.barfers.de erreichen. Bitte haben Sie Verständnis dafür, dass ich viele Zuschriften bekomme und daher und nicht alle Anfragen beantworten kann.

Zur Ernährung des Hundes

Die Ernährung ist wahrscheinlich das wichtigste Standbein einer guten Gesundheit. Leider haben die meisten Hundebesitzer die Verantwortung für die Ernährung ihres Hundes an die Tierfutterhersteller abgegeben. Es ist bequemer und einfacher, einen Sack Futter zu kaufen und den Angaben des Herstellers zu glauben, als sich eingehend mit dem Thema Ernährung zu beschäftigen. Das Ergebnis der Fütterung mit dieser auf Getreide basierenden Nahrung wird immer deutlicher durch den enormen Zuwachs an Krankheiten in unserer Hundepopulation. Krebs, Allergien, Pankreatitis, Pankreas-Insuffizienz, Hautprobleme, Nieren- und Lebererkrankungen, Immunschwäche, Fruchtbarkeits- und Wachstumsstörungen treten immer häufiger auf und lassen sich nicht einfach mit „Überzüchtung" erklären. Ein Organismus braucht mindestens 10.000 Jahre, um sich auf eine totale Ernährungsveränderung umzustellen. Um sich auf Fertigfutter umzustellen, hatte der Hund etwa 60 Jahre. In diesen 60 Jahren hat sich der allgemeine Gesundheitszustand unserer Hunde drastisch verschlechtert. Das hängt UNBEDINGT mit der Ernährung zusammen. Viele Tierärzte, Züchter und Hundebesitzer sind heute der Meinung, dass Fertigfutter einer der Hauptverursacher eines schlechten Gesundheitszustandes ist, und suchen Alternativen zu Fertigfutterprodukten. Eine dieser Alternativen, die mittlerweile Befürworter in der ganzen Welt hat, ist die sogenannte BARF-Ernährung.

BARF – was ist das?

Das Akronym BARF wurde zuerst von der Amerikanerin Debbie Tripp benutzt, um die Menschen zu bezeichnen, die ihre Hunde mit rohem, frischem Futter ernähren, und um das Futter selbst zu bezeichnen. In diesem Fall bedeutete das Akronym Born Again Raw Feeders (neugeborene Rohfütterer) oder Bones And Raw Foods (Knochen und rohes Futter). Später wurde dem Akronym noch die Bedeutung „Biologically Appropriate Raw Foods" (biologisch geeignetes rohes Futter) gegeben. Das Witzige an diesem Begriff ist, dass BARF in Umgangsenglisch auch Erbrechen bedeutet, was bei einigen Neueinsteigern, die nun mit rohem Fleisch hantieren, sicherlich ein etwas gequältes Lächeln hervorbringen dürfte.

Ich habe BARF übersetzt in *Biologisch Artgerechtes Rohes Futter*, damit es in Deutsch auch verständlich ist. Da das Akronym BARF für verschiedene Menschen verschiedene Bedeutungen hat, muss ich kurz klarstellen, dass es für mich einfach Rohfütterung bedeutet und nicht einen bestimmten Diätplan bezeichnen soll. Somit ist BARF (Biologisch Artgerechtes Rohes Futter) ein Begriff, der Futter beschreibt, das aus frischen Zutaten vom Hundebesitzer selber zusammengestellt und roh verfüttert wird. Hierbei versucht man so weit wie möglich die Ernährung eines wild lebenden Kaniden, wie zum Beispiel die des Wolfes, zu imitieren.

Fertigfutter – was ist das?

Den wenigsten Hundebesitzern dürfte klar sein, was alles für "leckere" Sachen in diesen Futtersäcken sind. Von den Chemikalien, Konservierungsmitteln und Geschmacksverstärkern wissen schon viele, und es gibt inzwischen auch zahlreiche Marken, die angeblich ohne diese Schadstoffe auskommen. Wie ihr Futter trotzdem mindestens ein Jahr haltbar sein kann, erklären sie nicht. Fakt ist, dass viele Hundefutterhersteller ihre Grundsubstanzen so einkaufen, dass die Konservierungsstoffe schon enthalten sind. Deshalb brauchen sie bei ihrer eigenen Produktion keine Zusatzstoffe mehr hinzufügen und sie auch nicht zu deklarieren. Anders ausgedrückt: Wenn auf einem Hundefuttersack steht „keine Zusatzstoffe", dann heißt das nur, dass der Hersteller bei seiner Verarbeitung keine Zusatzstoffe hinzugefügt hat; er darf das also auch dann, wenn er Vorprodukte, also Tier- und Getreidemehle mit Konservierungsstoffen verwendet.

Problematisch ist auch die Undurchsichtigkeit der Herkunft und der Qualität der einzelnen Zutaten. Dazu muss man erst wissen, was alles erlaubt ist unter Begriffen wie tierische Nebenprodukte, Geflügelfleischmehl, Trockenschnitzel, Fischmehl oder Knochenmehl.

Im Folgenden einige Tierkörperteile, die auch in den besseren Hundefutterprodukten enthalten sind: Hühner: Füße, Schnabel, Federn, Kot; Rinder: Blut, Fell, Hufe, Hoden, Kot, Urin; dazu der Abfall von Getreidemühlen und Gemüseverarbeitungsfabriken. Füße, Hufe, Schnäbel, Federn usw. enthalten hohe Mengen an Stickstoff, der bei der Rohproteinberechnung als Protein-Stickstoff (eigentlich stammt er ja aus dem Horn von Schnabel und Krallen und nicht aus einem Protein) in die Analyse eingeht und so den Rohproteinwert des Futtermittels erhöht, jedoch vom Hund nur schwer verdaut und kaum verwertet werden kann.

Die meisten Hundefuttersorten bestehen zum größten Teil (60-90 Prozent) aus Getreide, was man in der Analyse umgeht, indem man die Getreidesorten einzeln auflistet. So ist es möglich, Fleischmehl als erste Zutat aufzuführen, obwohl zusammengerechnet die Haupt-Zutat gemischtes Getreide ist. Vitamine, Enzyme, Aminosäuren und essentielle Fettsäuren werden zerstört, verändert oder beschädigt durch die Erhitzung im Herstellungsverfahren, viele Narkosemittel und Medikamente jedoch nicht. Auf diese Substanzen wird das Futter aber nicht untersucht. Schon mal überlegt, wo die Kadaver vieler unserer verstorbenen Lieblinge landen? Antwort: Knochen- und Fleischmehl!

Dazu kommt, dass die Abdeckereien sich oft nicht einmal die Zeit nehmen, Flohhalsbänder von verendeten oder eingeschläferten Tieren oder die Plastikverpackungen von abgelaufenem Supermarkt-Fleisch zu entfernen, bevor diese zu Knochen- oder Fleischmehl verarbeitet werden. Gerne verwendet man auch Füllstoffe wie Rotebeetemasse, da sie den Stuhl dunkel färben und lange im Darm bleiben, was dazu führt, dass der Stuhl fest und dunkel ist - ein Zeichen für eine gesunde Verdauung - ein beliebtes Verkaufsargument vieler Hersteller. Auch benutzen die Fertigfutterhersteller gerne Bezeichnungen wie „Zellulose", was meist einfach eine unverdächtig klingende Bezeichnung für Sägemehl ist.

Zellulose ist laut Definition „*ein pflanzliches Polysaccharid mit linearem Aufbau aus Cellobiose-bzw. Glucose-Molekülen. Unlöslich in Wasser, löslich in konzentrierter Phosphorsäure, kalten konzentrierten Laugen; durch konzentrierte Mineralsäuren hydrolysierbar bis zur Glucose; natürlich vorkommend in der Zellwand von Mikroben u. Planzen (bis zu 50 Prozent des Holzes). Kann durch Cellulasen bei Pflanzenfressern bakteriell abgebaut werden. Wird technisch gewonnen als Zellstoff*".
(Lexikon Medizin, Urban & Schwarzenberg 1997)

Oder, anders ausgedrückt, kein geeignetes Hundefuttermittel.

Der Hund ist ein Karnivor!

Wie sein Vorfahr, der Wolf, gehört der Hund zur Ordnung der Karnivoren, wobei der Wolf kein reiner Fleischfresser ist. Außer Beutetieren frisst der Wolf Obst, Kräuter, Beeren, Gräser, Wurzeln, Insekten und auch den Kot der Pflanzenfresser. Überwiegend frisst der Wolf jedoch Großwild; vom Beutetier wird alles aufgefressen bis auf die größeren Knochen, einen Großteil von Haut und Fell und einen Teil des Magen-Darm-Inhalts. Durch den Verzehr des ganzen Tieres bekommt der Wolf alle für ihn lebenswichtigen Nährstoffe: Eiweiß, Fett, Mineralien, Vitamine, Enzyme und Ballaststoffe.

Der Hund hat das Gebiss eines Karnivoren, mit kräftigen Eckzähnen, um die Beute zu greifen und Backenzähnen mit scharfen Kanten, um Fleisch und Knochen durchbeißen zu können. Im Gegensatz zu Pflanzenfressern hat der Hund kaum Verdauungsenzyme im Speichel und produziert vergleichsweise sehr wenig Speichel. Hundespeichel ist sehr zähflüssig und dient als Gleitmittel für die Nahrung, die beim Fleischfresser meist aus größeren Brocken besteht. Der Magen des Hundes ist im Vergleich zu Pflanzenfressern sehr groß: achtmal so groß wie ein Pferdemagen in Relation zum Körpergewicht. Die Magensäure des Hundes enthält anteilig zehnmal mehr Salzsäure als die des Menschen und hat, mit Nahrung im Magen, einen pH-Wert von unter 1 (Mensch: pH-Wert 4 bis 5). Die Produktion der Verdauungssäfte erfolgt beim Hund durch den Schlüsselreiz Fleisch. Der Darm des Hundes ist sehr kurz im Vergleich zum Darm des Pflanzenfressers. Die vollständige Verdauung von Fleisch und Knochen dauert beim Hund maximal 24 Stunden; Pflanzenfresser brauchen für die Verdauung vier bis fünf Tage.

All diese Fakten sprechen eindeutig dafür, dass der Hund ein Fleischfresser ist und eine auf Getreide basierende Ernährung grundsätzlich falsch ist für diese Spezies. Der hohe Getreideanteil von Fertigfutter verursacht einige Probleme beim Hund. Die Magensäfte werden nicht ausreichend gebildet, weil der Schlüsselreiz Fleisch fehlt, folglich werden Bakterien nicht abgetötet, es kommt gehäuft zu Fehlgärungen, Durchfall, Magenumdrehungen und Parasitenbefall. Die Bauchspeicheldrüse ist überfordert mit der Produktion von Enzymen zur Verdauung von Getreide, weil im hocherhitztem Fertigfutter kaum noch Enzyme vorhanden sind und die Verdauung des Hundes auf große Mengen pflanzlicher Nahrung keineswegs eingestellt ist.

Das Kochen von tierischen Eiweißen verändert viele der Aminosäure-Ketten und macht sie für den Hund unbrauchbar. Eiweiße werden durch Kochen schwer verdaulich, zudem gehen dabei viele Mineralien verloren. Auch wenn man das Kochwasser hinzufüttert, sind diese Mineralien größtenteils nicht mehr verwertbar für den Hund. Der Hund hat einen anderen Bedarf an Aminosäuren als ein Herbivor (Pflanzenfresser), und diese Aminosäuren sind fast alle in rohem Fleisch enthalten. Ohne diese Aminosäuren kann der Hund kein gesundes Gewebe und kein gesundes Immunsystem aufbauen.

Das Fett im Fertigfutter wird durch Konservierungsmittel wie Ethoxiquin, BHA und BHT haltbar gemacht. Diese Konservierungsmittel können die Bildung von weißen Blutkörperchen verhindern, das Immunsystem schwächen und die Aufnahme von Glucose blockieren und dürfen wegen Krebsverdacht in Nahrungsmitteln für den Humanverzehr nicht verwendet werden. Omega-3-Fettsäuren fehlen meist gänzlich im Fertigfutter, weil sie nicht lange haltbar gemacht werden können.

Letztendlich sind gekochte Nahrungsmittel „tot". Vitamine, Mineralien, Enzyme und Aminosäuren werden teilweise zerstört oder in einen unbrauchbaren Zustand gebracht. Zum Teil werden diese Zutaten dem Fertigfutter nachträglich zugeführt, aber es sind meist billige, chemisch hergestellte Präparate, die oft nur schwer verwertet werden können. Im günstigsten Fall überlebt der Hund scheinbar gesund; doch oft genug kommt es zu Erkrankungen.

Das Immunsystem wird geschwächt durch den Mangel an Enzymen, Aminosäuren, Antioxidantien, sekundären Pflanzenstoffen und essentiellen Fettsäuren; die überforderte Bauchspeicheldrüse funktioniert nicht mehr richtig; durch die fehlende Zahnhygiene entstehen Zahnstein und chronische Entzündungen im Maul, die wiederum das Immunsystem schwächen. Einige neue unabhängige Untersuchungen haben gezeigt, dass der Zahnstein und die darauf folgende Gingivitis (Zahnfleischentzündung) beim Hund eine Immunschwäche verursachen.

Inzwischen gibt es schon diverse Diätfutter, um die Erkrankungen zu behandeln, die durch das Füttern von Fertigfutter überhaupt erst entstanden sind. Wenn es nicht so traurig wäre, könnte man über diese Ironie lachen.

Was nun?

Aus Sorge um die Gesundheit ihrer Hunde haben sich immer mehr Züchter und Hundebesitzer in den letzten Jahren gründlich mit der Ernährung ihrer Tiere befasst. Dabei sind viele auf die biologisch artgerechte Ernährung mit rohem Fleisch und Knochen gekommen. Ältere, fast vergessene Bücher, wie die von Juliette de Bairacli Levy, fanden auf einmal neue Leser, und viele neue Bücher zum Thema kamen auf den Markt.

Juliette de Bairacli Levy möchte ich noch kurz erwähnen, denn diese außergewöhnliche Frau hatte bereits in den 50er Jahren vor der Gefahr des Fertigfutters und vor Impfungen gewarnt und immer die Ernährung mit frischen, rohen Zutaten befürwortet.

Die Züchter, die Juliettes „natural rearing"-Methoden über Jahrzehnte treu blieben, berichteten von durchgängig gesunden Hunden in Zeiten, in denen man immer mehr von kranken Hunden hörte.

Inzwischen füttern viele Menschen ihre Hunde nach den Prinzipien von BARF und berichten von erstaunlicher Besserung ihres Gesundheitszustands. Hautprobleme verschwinden, die Hunde haben mehr Energie, die Hündinnen haben mit Trächtigkeit und Welpenversorgung weniger Probleme, und die Welpen wachsen langsamer und gesünder auf. Viele gesundheitliche Probleme verschwinden oder verbessern sich nach der Umstellung auf BARF. Bei der natürlichen Ernährung wird versucht, die Nahrung eines wild lebenden Kaniden nachzuahmen. Da es wohl kaum möglich ist, ganze wildlebende Tiere zu verfüttern, muss man sich etwas mit den Nahrungsbedürfnissen des Hundes auseinandersetzen. Es kann zur Fehlernährung kommen, wenn man z. B. nur Fleisch füttert. Es gibt einiges zu beachten, zum Beispiel das Alter des Tieres, seinen Gesundheitszustand und natürlich, dass der Hund mit allen Nährstoffen in ausreichenden Mengen versorgt wird. Es gibt mittlerweile im Internet viele Webseiten und Foren, in denen man Informationen und Rat erhalten kann. Auch können Sie sich an einen Tierheilpraktiker oder Tierarzt wenden, der sich mit dem Thema auskennt. Am Ende dieser Broschüre finden Sie einige Links, Bezugsquellen und Buchtitel zur artgerechten Ernährung.

Nur Mut: Diese Art von Fütterung ist viel einfacher, als man denkt.

Vorurteile

Viele Hundebesitzer haben Bedenken, BARF zu füttern, weil die Fertigfutterhersteller und Tierärzte immer wieder vor rohem Fleisch und Knochen warnen. Rohes Fleisch sei gefährlich – der Hund werde Parasiten oder Salmonellen bekommen, heißt es. Nur durch Fertigfutter könne der Nährstoffbedarf des Hundes gedeckt werden, wird behauptet. Knochen seien lebensgefährlich, warnt die Fertigfutterlobby. Rohernährung sei viel zu teuer und zeitaufwändig, heißt es.

Wie oben schon erklärt worden ist, besitzt der Hund den Verdauungsapparat eines Karnivoren; das heißt, die gesamte Verdauung des Hundes ist auf rohes Fleisch und Knochen eingestellt. Salmonellen und andere Bakterien sowie Parasiten sind allgegenwärtig – ein gesunder Organismus wird damit problemlos fertig. Die Magensäure des Hundes ist sehr stark und kann Knochen, Knorpel und Fleisch problemlos verdauen. Da durch den Schlüsselreiz Fleisch ausreichend Magensäfte produziert werden, werden bei der Rohernährung schädliche Bakterien vernichtet, und es kommt äußerst selten zum Parasitenbefall.

Alle Nährstoffe, im richtigen Verhältnis, zu jeder Mahlzeit!

Dieser Gedanke wird von der Futtermittelindustrie propagiert und führt zu Unsicherheiten bei „Neu-Barfern". Ein solches Konzept ist in der gesamten Natur beispiellos, kein Lebewesen dieser Erde ernährt sich so!

Bei der Barf-Ernährung kehren wir zur Normalität zurück und füttern frisch und abwechslungsreich, so dass der Nährstoffbedarf in einem normalen Zeitraum gedeckt ist. BARF zu füttern ist nicht wesentlich zeitaufwändiger oder teurer als Fertigfutter zu füttern. Am Anfang machen sich viele Sorgen, dem Hund könnte etwas fehlen, und neigen dazu, zu viele Ergänzungsmittel zu füttern oder darauf zu achten, dass der Hund täglich alles bekommt. Mit der Zeit legen sich diese Sorgen und der Zeitaufwand wird geringer. Fleisch und Knochen, die man zur BARF-Ernährung nutzt, sind meist Überbleibsel von Fleisch für unsere Ernährung und deswegen nicht teurer als ein mittelmäßiges Hundefutter.

Vorteile

Kein Zahnstein
Kein übler Hundegeruch
Weniger Parasiten
Starkes Immunsystem
Wesentlich kleinere Kotmengen
Starke Bänder und Sehnen
Bessere Muskulatur
Erleichterung bei arthritischen Erkrankungen
Weniger Wachstumsprobleme
Risiko von Magendrehung drastisch reduziert
Schönes, gesundes, glänzendes Fell
Freude am Fressen

Praktische Fütterung mit BARF

Es ist nicht möglich, einen Ernährungsplan zu schreiben, der die Bedürfnisse jedes Einzelnen deckt. Da Hunde verschieden sind, müssen Sie Ihren Hund gut beobachten und gegebenenfalls den Ernährungsplan anpassen. Es gibt Hunde, die kein Getreide vertragen oder rohes Fleisch und Knochen anfangs nicht ohne weiteres verdauen können. Manche Hunde mögen Innereien oder Gemüse einfach nicht. Es gibt auch Hunde, die ihre Nahrung zumindest teilweise gekocht brauchen. In dieser Broschüre geht es jedoch um die Ernährung eines relativ gesunden Hundes.

Das Konzept eines Alleinfutters, das perfekt ausgewogen ist, stammt von der Tierfutterindustrie. Die Motivation eines solchen Konzeptes ist finanzieller Gewinn und nicht die optimale, gesundheitsfördernde Ernährung des Hundes. Die Notwendigkeit, alle lebenswichtigen Nährstoffe bei jeder Mahlzeit zu verabreichen, ist nicht gegeben. Die Ausgewogenheit findet über einen Zeitraum von mehreren Wochen statt, wie es auch in der freien Natur passiert. Bei einer rohen, natürlichen Ernährung ist es deswegen nicht weiter schlimm, wenn ein Hund eine kurze Zeit etwas einseitig isst, vorausgesetzt, man füttert in der Regel abwechslungsreich. Wenn Sie in Urlaub fahren oder wenig Zeit haben, können Sie beispielsweise morgens einfach Pansen oder ein paar fleischige Knochen füttern.

Die Abwechslung in der Lebensmittelzusammenstellung ist ein Punkt, den man nicht genug betonen kann. Je mehr Abwechslung stattfindet, um so breiter ist das Nährstoffspektrum und um so sicherer ist es, dass der Hund mit sämtlichen, für ihn notwendigen Nährstoffen versorgt wird. Probleme sieht man häufiger bei Hunden, die einseitig gefüttert werden, z. B. nur mit Huhn als Fleisch - oder nur mit Möhren als Gemüsequelle.

Fleisch sollte in möglichst großen Stücken oder am Knochen gefüttert werden, da das Kauen wichtig für die Zahnpflege ist. Fleisch/Knochen und Getreide nicht mischen, da eine solche Mischung zu Blähungen führen kann und weil das Phytin im Getreide die Verwertung von Mineralien und Spurenelementen einschränkt und Verdauungsenzyme blockieren kann. Das heißt, der Hund muss in der Regel zweimal täglich gefüttert werden, wenn Sie Getreide füttern möchten. Dieses ist aus zwei Gründen besser, erstens ist es sinnvoll, bestimmte Zutaten zu trennen, zweitens ist die Gefahr einer Magenumdrehung geringer, wenn die Futterration auf zwei Mahlzeiten aufgeteilt wird. Hunde, die Futter schlecht verwerten, sollten mindestens zweimal täglich gefüttert werden.

Einmal wöchentlich sollte fleisch- und knochenfrei gefüttert werden, gefolgt von einem Fasttag, also 5 Tage wöchentlich Fleisch füttern, einen Tag fleischlos und einmal fasten. Wenn der Hund das Fasten nicht gut verträgt, reicht es auch, wenn man ein bis zweimal pro Woche fleischlos füttert.

Sie können das Gemüse entweder alleine als Mahlzeit geben oder zum Fleisch beifüttern. Gemüse sollte in der Regel püriert oder leicht gedämpft werden, da Hunde Zellulose nur schwer verdauen können. Ich gebe zusätzlich gerne einmal pro Woche grob geraspeltes Gemüse (vor allem Möhren) um die Darmpflege zu unterstützen. Es gibt Hunde, die das Gemüse nicht so gerne essen. In diesem Fall kann man gewolftes Fleisch, Hackfleisch, Thunfisch oder Blut untermischen oder Leber mit dem Gemüse pürieren.

Wenn Sie getreidefrei füttern möchten, sollte das Gemüse 10-25 %; die Fleisch/Innereien/ RFK 75-90 % der Gesamtration sein. Der Anteil an RFK sollte 30 % der Gesamtration nicht übersteigen; ausreichend sind 10-15 % RFK in der Gesamtration. Bei der Fütterung mit Getreide wird das Getreide der Gemüseportion prozentual zugeordnet so dass der Gemüse-/Getreideanteil 25 % der Gesamtmenge ausmacht. Getreide sollte insgesamt nie mehr als 10 % der Gesamtfuttermenge ausmachen, besser nur 5 %.

> **RFK** = Rohe Fleischige Knochen
> RFK = 50% Fleisch : 50% Knochen
> Das sind Knochen mit viel Fleisch:
> Brustbein, Ochsenschwanz, ganze
> Kaninchen und Hühner.
> Hühnerhälse, -flügel & -klein beste-
> hen zu etwa 30 % aus Knochen

Es gibt verschiedene Möglichkeiten einen Ernährungsplan zu gestalten. Sie können den Hund einmal am Tag füttern, zweimal am Tag oder sogar einmal alle zwei Tage. Wie Sie letzendlich Ihren Ernährungsplan gestalten hängt von Ihrem Hund und Ihren Lebensgewohnheiten ab. Es gibt Hunde, denen es besser geht mit häufigen Mahlzeiten und es gibt Hunde, denen es besser geht mit größeren, eher sporadischen Mahlzeiten. Für den Anfang empfehle ich zwei Mahlzeiten am Tag.

Zu den Mengen: Ernährungswissenschaftler empfehlen 2 % des Körpergewichts (KM) an Futter pro Tag für erwachsene Hunde, die eine normale Auslastung haben. Erfahrungsgemäß kann die Menge aber stark variieren, abhängig von Temperament, Aktivität, Gesundheitszustand und Alter des Hundes sowie davon, ob er kastriert oder intakt ist und von den Außentemperaturen. Die meisten Hunde kommen mit einer Menge von 2-4 % des Körpergewichts pro Tag gut zurecht. Von diesen 2-4 % sollten 75-90 % tierische Erzeugnisse (Fleisch, Knochen, Milchprodukte usw.) und 10-25 % pflanzliche Erzeugnisse (Gemüse, Obst, Getreide usw.) sein.

Tabelle 1.1 - Ausrechnen der täglichen Futtermenge bezogen auf Körpergewicht des Hundes:

Gewicht	2% KM	Fleisch/Gemüse	3% KM	Fleisch/Gemüse	4%KM	Fleisch/Gemüse
10 kg	200 g	150-180 g/20-50 g	300 g	225-270 g/30-75 g	400 g	300-360 g/40-100 g
15 kg	300 g	225-270 g/30-75 g	450 g	337-405 g/45-113 g	600 g	450-540 g/60-150 g
20 kg	400 g	300-360 g/40-100 g	600 g	450-540 g/60-150 g	800 g	600-720 g/80-200 g
25 kg	500 g	375-450 g/50-125 g	750 g	563-675 g/75-187 g	1000 g	750-900 g/100-250 g
30 kg	600 g	450-540 g/60-150 g	900 g	675-810 g/90-225 g	1200 g	900-1080 g/120-300 g
35 kg	700 g	525-630 g/70-175 g	1050 g	788-945 g/105-262 g	1400 g	1050-1260 g/140-350 g
40 kg	800 g	600-720 g/80-200 g	1200 g	900-1080 g/120-300 g	1600 g	1200-1440 g/160-400 g

Fasten

Fasten ist kein Muss in der Rohernährung. Ich habe zwar meine Hunde schon immer regelmäßig fasten lassen, aber über die Jahre festgestellt, dass es Hunde gibt, die mit Fasten nicht gut zurechtkommen. Beim Fasten versucht man ein bißchen die Natur nachzuahmen; wilde Caniden erlegen nicht jeden Tag Beute und wenn sie Beute gemacht haben, fressen sie, soviel sie können. Theoretisch könnte man einen Hund auch nur alle drei Tage füttern, und zwar dann soviel er fressen kann. Praktisch aber werden viele Hunde damit Probleme bekommen, denn wir praktizieren bei der Zucht keine natürliche Auslese nach dem Gesichtspunkt „nur die Stärksten überleben", so dass unsere Hundepopulation mit erblichen Schwächen behaftet ist. Dieses betrifft auch die Verdauung, das Gebiss und den Körperbau. Zudem züchten wir Rassen, die körperlich so eingeschränkt sind (z. B. brachyzephale Rassen), dass sie in der Natur niemals selbständig überleben könnten.

> Tipp: Sollten Sie die Blutwerte des Hundes überprüfen wollen, sollte der Hund bei der Blutentnahme nüchtern sein und vorher 24 Stunden fleischfrei gefüttert worden sein, da sonst die Harnstoff- und Cholesterinwerte erhöht sein könnten. Diese Erhöhung ist unmittelbar ernährungsbedingt und völlig normal bei einer fleischbasierten Ernährung, wird aber oft von Tierärzten als Hinweis einer beginnenden Nierenerkrankung gedeutet. In den 12 Stunden vor der Blutentnahme sollte der Hund außerdem nicht größeren sportlichen Leistungen ausgesetzt werden, da sonst der Triglyceridwert sehr hoch sein könnte. Das hat damit zu tun, dass bei erhöhter Aktivität Fette im Blut freigesetzt werden, um den Hund mit der nötigen Energie zu versorgen.

Ein weiterer Grund für Fasttage bzw. fleischlose Tage ist, dass durch das Fasten der Magen-Darmtrakt und die Verdauungsorgane entlastet werden und die faserstoffreichen pflanzlichen Mahlzeiten den Darm zusätzlich reinigen. Die meisten Hunde kommen gut zurecht mit einem oder zwei Fasttagen alle 7-14 Tage - die meisten Hundebesitzer nicht. Sie ertragen den Anblick ihres hungrigen Lieblings einfach nicht. Fazit: Quälen Sie weder sich noch Ihren Hund, wenn Sie oder der Hund zu sehr leiden, füttern Sie zwei Tage fleischfrei. Wichtig ist, dass der Hund mindestens einen, besser zwei Tage in der Woche fleischfrei ernährt wird.

Mein Hund hat immer Hunger!

Die meisten Hunde haben immer Hunger, sie sind schließlich als Beutefresser genetisch darauf vorprogrammiert, große Mengen auf einmal zu fressen. Hunde unterscheiden sich genetisch kaum von Wölfen und viele Instinkte und Verhaltensweisen der Wölfe sind noch heute in unseren Haushunden zu sehen, unter anderem das fehlende Sättigungsgefühl.

Mehr Futter zu wollen ist also normal und kein Zeichen, dass dem Hund was fehlt.

Ernährungspläne

Für den Anfang kann es eine große Hilfe sein, einen Ernährungsplan zu erstellen, so dass Sie einen besseren Überblick haben und sicherer sind, dass die Nahrungsbedürfnisse Ihres Hundes gedeckt sind. Um Ihren Ernährungsplan zu erstellen müssen Sie erstmal die Gesamtfuttermenge berechnen. Sie können entweder die Tabelle auf Seite 18 dazu nutzen oder die Menge mit Hilfe folgender Tabelle genauer berechnen.

Diese Gesamtmenge wird jetzt weiter unterteilt nach Futtermittelbestandteilen. Das können Sie sich entweder für einen Tag ausrechnen oder für eine ganze Woche. Wenn Sie erstmal eine Zeitlang roh füttern, werden Sie wahrscheinlich solche Hilfen nicht mehr benötigen, aber es ist sinnvoll, auch nach längerer Rohfütterung immer wieder mal die Nahrungszusammenstellung mit Hilfe eines Ernährungsplanes zu überprüfen.

Tabelle 1.2 - Ausrechnen der Gesamtfuttermenge

Welpen	
Welpe mittelgroßer Rasse bis 6 Monate	KM x 0,02 x 2 = Futtermenge
Beispiel 10 kg Welpe	10 kg x 0,02 x 2,0 = 0,4 kg oder 400 g
Welpe großer Rasse, sehr aktiv bis 6 Monate	KM x 0,02 x 2,5 = Futtermenge
Beispiel 10 kg Welpe	10 kg x 0,02 x 2,5 = 0,5 kg oder 500 g
Junghund bis 12 Monate	KM x 0,02 x 1,5 = Futtermenge
Beispiel 20 kg Junghund	20 kg x 0,02 x 1,5 = 0,6 kg oder 600 g
Erwachsene Hunde	
Erwachsener Hund mäßig aktiv	KM x 0,02 = Futtermenge
Beispiel 20 kg Hund	20 kg x 0,02 = 0,4 kg oder 400 g
Erwachsener Hund, kastriert, mäßig aktiv	KM x 0,02 x 0,80 = Futtermenge
Beispiel 20 kg Hund	20 kg x 0,02 x 0,80 = 0,32 kg oder 320 g
Erwachsener Hund mittel aktiv	KM x 0,02 x 1,25 = Futtermenge
Beispiel 20 kg Hund	20 kg x 0,02 x 1,25 = 0,5 kg oder 500 g
Erwachsener Hund sehr aktiv	KM x 0,02 x 1,5 = Futtermenge
Beispiel 20 kg Hund	20 kg x 0,02 x 1,5 = 0,6 kg oder 600 g
Erwachsener Hund extrem aktiv	KM x 0,02 x 2,0 = Futtermenge
Beispiel 20 kg Hund	20 kg x 0,02 x 2,0 = 0,8 kg oder 800 g
Trächtige und säugende Hündinnen	
Trächtigkeit, 5-9 Woche	KM x 0,02 x 1,25 = Futtermenge
Beispiel 30 kg Hündin	30 kg x 0,02 x 1,25 = 0,75 kg oder 750 g
Säugende Hündin 1 Woche	KM x 0,02 x 1,50 = Futtermenge
Beispiel 30 kg Hündin	30 kg x 0,02 x 1,50 = 0,9 kg oder 900 g
Säugende Hündin 2 Woche	KM x 0,02 x 2,0 = Futtermenge
Beispiel 30 kg Hündin	30 kg x 0,02 x 2,0 = 1,2 kg oder 1200 g
Säugende Hündin 3-4 Woche	KM x 0,02 x 2,5 = Futtermenge
Beispiel 30 kg Hündin	30 kg x 0,02 x 2,5 = 1,5 kg oder 1500 g

Für unser Beispiel nehmen wir einen mäßig aktiven, unkastrierten Hund mit einem Gewicht von 30 kg. Unser Hund benötigt also eine Gesamtfuttermenge von etwa 600 g am Tag oder 4200 g pro Woche. Diese Gesamtmenge verteilen wir jetzt erstmal proportional auf zwei Nahrungsmittelgruppen: pflanzliche Erzeugnisse und tierische Erzeugnisse. Für die Tabelle 1.3 habe ich einen mittleren Wert von 20 % an pflanzlichen Erzeugnissen zu 80 % an tierischen Erzeugnissen bei getreidefreier Nahrung genommen und 30 % an pflanzlichen Erzeugnissen zu 70 % an tierischen Erzeugnissen bei Fütterung mit Getreide. Diese zwei Gruppen werden dann nochmal unterteilt in Gemüse, Obst und Getreide bei den pflanzlichen Bestandteilen und Muskelfleisch, Pansen, Innereien und Knochen bei den tierischen Bestandteilen. Da Lebensmittel wie Eier und Milchprodukte Eiweiß- und Fettlieferanten sind, werden sie bei Bedarf den tierischen Bestandteilen zugeordnet (Fleisch).

Tabelle 1.3 - Prozentuale Aufteilung der Nahrungsbestandteile

Ohne Getreide pro Tag

Tag gesamt: 600 g					
Pflanzliche Erzeugnisse	20% von 600 g	120 g	Tierische Erzeugnisse	80% von 600 g	480 g
Gemüse	75% von 120 g	90 g	Muskelfleisch durchwachsen	50% von 480 g	240 g
Obst	25% von 120 g	30 g	Pansen/Blättermagen	20% von 480 g	96 g
			Innereien	15% von 480 g	72 g
			Knochen (RFK)/ Knorpel	15% von 480 g	72 g

Mit Getreide pro Tag

Tag gesamt: 600 g					
Pflanzliche Erzeugnisse	30%	180 g	Tierische Erzeugnisse	70%	420 g
Gemüse	40%	72 g	Muskelfleisch durchwachsen	50%	210 g
Getreide	40%	72 g	Pansen/Blättermagen	15%	63 g
Obst	20%	36 g	Innereien	15%	63 g
			Knochen (RFK)/ Knorpel	20%	84 g

Ohne Getreide pro Woche

Woche gesamt: 4200 g					
Pflanzliche Erzeugnisse	20%	840 g	Tierische Erzeugnisse	80%	3360 g
Gemüse	75%	630 g	Muskelfleisch durchwachsen	50%	1680 g
Obst	25%	210 g	Pansen/Blättermagen	20%	672 g
			Innereien	15%	504 g
			Knochen (RFK)/ Knorpel	15%	504 g

Mit Getreide pro Woche

Woche gesamt: 4200 g					
Pflanzliche Erzeugnisse	30%	1260 g	Tierische Erzeugnisse	70%	2940 g
Gemüse	40%	504 g	Muskelfleisch durchwachsen	50%	1470 g
Getreide	40%	504 g	Pansen/Blättermagen	15%	441 g
Obst	20%	252 g	Innereien	15%	441 g
			Knochen (RFK)/ Knorpel	20%	588 g

Spätestens jetzt wird klar, dass der Versuch, das Futter nach dem Fertigfutterprinzip „*alle Nährstoffe, im richtigen Verhältnis, zu jeder Mahlzeit*" zuzubereiten, wenig Freude bereiten wird. Sie können natürlich nach den Gramm-Angaben die tägliche Portion zusammenstellen, aber ich empfehle, die Mengen auf eine Woche anzulegen.

Das sieht dann so aus:

Futterplan ohne Getreide	Gramm	gerundet
Gemüse	630 g	650 g
Obst	210 g	200 g
Muskelfleisch durchwachsen	1680 g	1700 g
Pansen/Blättermagen	672 g	650 g
Innereien	504 g	500 g
Knochen (RFK)/ Knorpel	504 g	500 g
Woche gesamt	4200 g	4200 g

Um das Ganze etwas leichter zu gestalten, runden wir noch die Mengen. Jetzt müssen wir nur noch die Mengen sinnvoll auf die Mahlzeiten umlegen.

Für den Beispielplan gehen wir von sechs Tagen Futter und einem Fasttag aus. Das wären dann zwölf Mahlzeiten für unseren Hund, zwei davon fleischfrei, auf eine Woche verteilt.

Tabelle 1.4 Verteilung der Nahrungsbestandteile auf eine Woche

	Montag	Dienstag	Mittwoch	Donnerstag
Morgens	250g Pansen 200g Kehlkopf	100g Leber 100g Gemüsemix	100g Obstmix 250g Kronfleisch	100g Leber 100g Gemüsemix
Abends	200g Herz 300g Muskelfleisch	250g Brustbein 250g Kopffleisch	100g Niere 250g Muskelfleisch	250g Hühnerhälse 250g Muskelfleisch

	Freitag	Samstag	Sonntag
Morgens	100g Gemüsemix 200g Muskelfleisch	100g Obstmix 100g Gemüsemix	Fasten
Abends	400g Pansen	250g Gemüsemix	Fasten

Der Gemüse- und Obstmix sollte aus mindestens drei Gemüse- bzw. zwei Obstsorten bestehen, hier ist Abwechslung wichtig. In Zeiten von Eile kann man luft- oder gefriergetrocknetes Gemüse oder tiefgefrorenes Gemüse benutzen, besser ist aber frisches Gemüse und frisches, reifes Obst. Als letztes runden wir den Futterplan mit Ölen, Kräutern und anderen Nahrungsergänzungsmittel nach Bedarf ab.

Die einzelnen Fleisch-, Knochen-, Gemüse-, Getreide- und Obstsorten sowie Kräuter, Öle und verschiedene Ergänzungsfuttermittel werden in den nachfolgenden Kapiteln ausführlicher beschrieben.

Auf der nächsten Seite ist ein Beispiel-Ernährungsplan aufgeführt, der als Anhaltspunkt dienen kann. Da jeder Hund anders ist, sollte der Ernährungsplan auf den individuellen Hund abgestimmt werden.

Beispielplan für einen 20 kg Hund

Woche 1

	Montag	Dienstag	Mittwoch	Donnerstag	Freitag	Samstag	Sonntag
Morgens	70 g Gemüse 30 g Obst 80 g Pansen 70 g Herz	70 g Gemüse 30 g Obst 70 g Leber 80 g Pansen	70 g Leber 80 g Pansen 70 g Herz	70 g Gemüse 30 g Obst 40 g Niere	70 g Gemüse 30 g Obst 70 g Leber 40 g Niere	70 g Gemüse 30 g Obst 40 g Niere 70 g Herz	F A S T T A G
	4 g Algen & Kräuter 5 ml Öle & Fette	4 g Algen & Kräuter 5 ml Öle & Fette	4 g Algen & Kräuter 5 ml Öle & Fette	4 g Algen & Kräuter 5 ml Öle & Fette	4 g Algen & Kräuter 5 ml Öle & Fette	4 g Algen & Kräuter 5 ml Öle & Fette	
Abends	200 g Muskelfleisch 60 g Knochen (RFK)	60 g Knochen (RFK) 80 g Pansen	200 g Muskelfleisch 60 g Knochen (RFK)	200 g Muskelfleisch 60 g Knochen (RFK)	200 g Muskelfleisch 60 g Knochen (RFK)	200 g Muskelfleisch 60 g Knochen (RFK)	

Beispielplan für einen 20 kg Hund mit Milchprodukte & Getreide

Woche 1

	Montag	Dienstag	Mittwoch	Donnerstag	Freitag	Samstag	Sonntag
Morgens	40 g Milchprodukt 30 g Getreide, gekocht 70 g Gemüse	40 g Milchprodukt 30 g Getreide, gekocht 30 g Obst	40 g Milchprodukt 30 g Getreide, gekocht 70 g Gemüse	40 g Milchprodukt 30 g Getreide, gekocht 30 g Obst	40 g Milchprodukt 30 g Getreide, gekocht 70 g Gemüse	40 g Milchprodukt 30 g Getreide, gekocht 30 g Obst	F A S T T A G
	5 ml Öle & Fette	5 ml Öle & Fette	5 ml Öle & Fette	5 ml Öle & Fette	5 ml Öle & Fette	5 ml Öle & Fette	
Abends	220 g Muskelfleisch 60 g Leber 70 g Knochen (RFK) 4 g Algen & Kräuter	130 g Pansen 90 g Herz 70 g Knochen (RFK) 4 g Algen & Kräuter	220 g Muskelfleisch 60 g Leber 70 g Knochen (RFK) 4 g Algen & Kräuter	220 g Muskelfleisch 60 g Niere 70 g Knochen (RFK) 4 g Algen & Kräuter	220 g Muskelfleisch 60 g Niere 70 g Knochen (RFK) 4 g Algen & Kräuter	130 g Pansen 90 g Herz 70 g Knochen (RFK) 4 g Algen & Kräuter	

Futtermittelliste

Fleisch: Rind, Pferd, Schaf, Ziege, Wild	Gemüse	Getreide
Blättermagen	Blumenkohl	Amaranth*
Euter	Broccoli	Buchweizen*
Herz	Chicoree	Dinkel
Kehlkopf	Chinakohl	Gerste
Kopffleisch	Grünkohl	Grünkern
Kronfleisch	Gurken	Hafer
Leber	Kartoffeln (gekocht)	Hirse*
Lefzen	Keimlinge	Maisflocken
Luftröhre	Kürbisfleisch	Maisgrieß
Lunge	Mangold	Quinoa*
Milz	Möhren	Reis*
Muskelfleisch	Paprika (gelb oder rot)	Roggen
Niere	Pastinak	Weizenkleie
Pansen	Portulak	**Obst**
Schlund	Rote Beete	Ananas
Stichfleisch	Rüben	Äpfel
Knochen	Salate	Apfelsinen/ Nektarinen
Brustbein	Sellerie	Aprikose
Sandknochen	Spinat	Bananen
Schulter	Topinambur	Beeren
Schwanz	Wirsing	Birnen
Köpfe (Schaf, Ziege, Wild)	Zucchini	Feigen
Beine (auch Hufe)	**Kräuter**	Kiwis
Huhn/Pute/Ente	Alfalfa	Kokos
Flügel	Borretsch	Pflaumen
Hälse	Brennessel	**Milchprodukte**
Rücken	Brunnenkresse	Buttermilch/Dickmilch
Leber	Dill	Ziegenmilch
Herz	Hagebutten	Joghurt/Quark
Mägen	Löwenzahn	Hüttenkäse
Ganze Hühner/Enten	Petersilie	Frischkäse

* Glutenfrei

Fleisch und Knochen

Fleisch, Knochen, Knorpel, Innereien und Fette bilden die Grundlage der Nahrung bei der BARF Ernährung. Das Beutetier liefert dem Caniden Eiweiß, Fett, Vitamine, Mineralien und Spurenelemente, die er braucht. Im Prinzip bauen wir bei der Rohernährung ein Beutetier nach, sofern die nötigen Teile verfügbar, sinnvoll und bezahlbar sind. Bei der Erstellung eines Ernährungsplanes werden die verschiedenen Teile des Beutetieres in Gruppen verteilt, die in erster Linie der Mengenberechnung dienen.

Die erste Gruppe, die auch den größten Anteil darstellt ist Fleisch. Das Fleisch macht in der Ernährung etwa die Hälfte des tierisches Futteranteils aus. Hier ist zu beachten, dass nicht nur mageres Fleisch gefüttert wird, sondern Fleisch mit einem ordentlichen Anteil Fett (15-25 %). Bei der Rohernährung ist Fett der primäre Energielieferant. Zum Fleisch gehört alles an Muskelfleisch, Zunge, Kronfleisch (Zwerchfell) usw. Fleisch kann von Rindern, Ziegen, Schafen, Pferden, Wild, Straussen, Puten, Hühnern, Enten, Gänsen, Kaninchen und auch mal vom Schwein kommen. Sie müssen nicht alle Fleischarten füttern, aber ein Wechsel zwischen zwei oder drei ist ratsam. Schweinefleisch ist generell in Ordnung, war aber noch vor wenigen Jahren gelegentlich mit dem Aujetskivirus infiziert. Das Aujetzkivirus ist meist tödlich für den Hund und wird durch den Verzehr von rohem Schweinefleisch übertragen. Deutschland wird zwar seit 2003 offiziell als Aujetzkifrei bezeichnet, aber vorsichtshalber sollten Sie Schweinefleisch gut abkochen.

Die nächste Gruppe der tierischen Erzeugnisse sind die Innereien. Innereien sind zusätzlich noch gute Vitaminlieferanten, z. B. liefert Leber viel Vitamin A. Innereien sollten etwa 10 % der Gesamtration bzw. 15 % des Gesamtfleischanteils ausmachen. Zu den Innereien gehören Leber, Niere, Milz, Lunge und Herz. Eigentlich ist Herz reines Muskelfleisch, aber da es in geringen Mengen gefüttert werden sollte, ordne ich es den Innereien zu. Von den o.g. Tierarten können Sie auch die Innereien füttern. Füttern Sie nicht die gesamte Leber-, Milz- oder Nierenportion für die Woche in einer Mahlzeit, denn diese Innereien verursachen Durchfall, wenn große Mengen auf einmal gefressen werden.

Zu der Sorge, dass Leber als das große Entgiftungsorgan mit Schadstoffen belastet ist, möchte ich zur Beruhigung sagen, dass die Leber zwar Schadstoffe herausfiltert, sie aber in der Regel nicht speichert. Die meisten Schadstoffe werden im Fettgewebe gespeichert.

Pansen und Blättermagen gehören eigentlich zu den Innereien, aber ich behandle sie bei der Nahrungszusammenstellung getrennt, da ich recht große Mengen davon empfehle. Pansen und Blättermagen können 15-20 % des tierischen Anteiles ausmachen. Bei Hunden, die lange krank waren oder Verdauungsstörungen haben, sogar mehr. Pansen hat ein ideales Ca:P-Verhältnis, einen guten Fettgehalt, liefert Vitamine, Spurenelemente und „gute" Bakterien über das enthaltene vorverdaute Grünzeug und pflegt die Zähne und das Zahnfleisch, da er sehr zäh ist und der Hund kräftig kauen muss, um ihn zu fressen.

Die letzte Gruppe der tierischen Erzeugnisse sind Knochen und teilweise Knorpel.

Knochen sind der Haupt Calcium-Lieferant in der Rohernährung und sollten etwa 5 % (blanke Knochen) bzw. 10 % (RFK) der Gesamtration ausmachen. Hat man die Möglichkeit, ganze Tierkörper zu füttern, kann man bedenkenlos alle Knochen füttern, da das Fell und die Haut der Beutetiere den Magen des Hundes auch schützen. Füttert man Schlachtabfälle oder Huhn und Pute, sollte man die Röhrenknochen meiden und überwiegend Fleischknochen, Rippenknochen oder Knorpel füttern. Bei Geflügel eignen sich Flügel, Rücken und Hälse oder ganze Hühner. Am Anfang sollte man vorsichtig sein, nur sehr weiche Knochen füttern und beobachten, wie der Hund sie kaut. Ist er ein Schlinger, sollte man erst mal sehr große Knochen geben, damit der Hund lernt zu kauen, oder die Hühnerflügel und -hälse durch den Fleischwolf drehen. Knochen sollten am besten noch recht viel Fleisch dran haben, damit der Magen etwas geschützt ist. Bei Hunden, die später im Leben umgestellt worden sind, sollte man keine sehr harten Knochen füttern. Füttern Sie nie große Mengen Knochen auf einmal, da gefährliche Verstopfungen entstehen können! Bei Hunden mit Skeletterkrankungen an der Hüfte oder an der Wirbelsäule (Cauda-Equina-Syndrom) sollten Sie dafür sorgen, dass der Stuhl nie zu fest wird, denn bei solchen Hunden kommt es durch die Schmerzreaktion beim Pressen schneller zu einer Verstopfung. Wenn Sie sich bei der Fütterung von bestimmten Knochen nicht wohl fühlen, dann füttern Sie sie nicht! Es bringt nichts, wenn Sie sich hinterher stundenlang Sorgen machen, dass Ihrem Hund etwas passiert. In solchen Fällen können Sie gewolfte oder gemahlene Knochen füttern oder durch Nahrungsergänzung die Calciumversorgung sicherstellen.

FAQ - häufig gestellte Fragen zu Fleisch und Knochen

Wie viel Calcium, wie viel Phosphor?
Der Calcium-Phosphor-Gehalt von Hundefutter ist inzwischen wegen neuen Erkenntnissen der Ernährungswissenschaft recht umstritten. Die empfohlene Calciummenge lag vor einigen Jahren noch viel höher als heute und man gab vor, dass das Ca:P Verhältnis unbedingt bei 1:1 bis 1,2:1 liegen sollte. Neue Erkenntnisse, die 2006 von der NRC (National Research Council) veröffentlich worden sind, besagen, dass ein erwachsener Hund im Erhaltungsstoffwechsel 50-140 mg Ca/kg Körpergwicht/Tag benötigt. Jetzt heißt es, das Ca:P Verhältnis wäre nicht so wichtig, wichtig wäre, dass der Calciumbedarf des Hundes gedeckt wird. Bei einer ausreichenden Knochenfütterung ist das gegeben. In der Rohernährung kann man von einem durchschnittlichen Calcium-Gehalt der Knochen (RFK) von mind. 2.500 mg/100 g ausgehen, vorausgestzt man füttert verschiedene Knochen (Brustbein, Ochsenschwanz, Hühnerflügel usw.). So ist eine ausreichende Calcium-Versorgung bei einer Menge von 10 % RFK der Gesamtration gewährleistet.

Womit kann ich Calcium ergänzen außer mit Knochen und Eierschalen?
Calciumcitrat ist ein gutverträgliches Calciumpräparat zur Nahrungsergänzung. Calciumcarbonat eignet sich ebenfalls, vor allem als Phosphorbinder bei Nierenerkrankungen. Nachteil: Calciumcarbonat reduziert die Magensäure, was bei Rohfütterung nicht gut ist.

Sind Hühnerknochen nicht gefährlich?

Rohe Hühnerknochen sind nicht gefährlich, vorausgesetzt es ist noch ausreichend Fleisch dran und sie sind nicht von sehr alten Hühnern. Gekochte Hühnerknochen sind jedoch sehr gefährlich, weil sie sehr hart und trocken sind und scharfe Splitter bilden. Damit will ich nicht sagen, dass ein Hund an einem rohen Hühnerknochen nicht mal ersticken kann, aber die Panik wegen Hühnerknochen ist absolut unbegründet. Ein Hund kann auch an einem Kauknochen oder an Trockenfutter ersticken.

Wie taue ich das Fleisch am besten auf?

Am besten lassen Sie tiefgefrorenes Fleisch langsam im Kühlschrank auftauen und füttern die Säfte mit, denn sie enthalten viele Vitamine und Mineralien. Sie können auch das Fleisch bei Zimmertemperatur oder in kaltem Wasser auftauen lassen. Ich vergesse manchmal, das Fleisch rechtzeitig aus der Tiefkühltruhe zu holen und muss es dann im Warmwasserbad auftauen - geht auch! Am besten ist es, das Fleisch NICHT im Gefrierbeutel aufzutauen, denn am Plastik sollen die meisten Bakterien kleben. Rohes Fleisch können Sie auch dann noch füttern, wenn es stark riecht oder verfärbt ist. Die Hunde mögen es gerne so und es ist ungefährlich. Gekochtes Fleisch dürfen Sie jedoch nicht alt werden lassen, das kann lebensgefährlich sein! Manche Hundebesitzer füttern Fleisch, wenn es noch teilweise gefroren ist; das kann Durchfall verursachen oder aber auch ganz unproblematisch sein; es ist von Hund zu Hund verschieden.

Mein Hund mag kein rohes Fleisch, warum?

Manchmal mögen Hunde, die mit Fertigfutter aufgezogen worden sind, erstmal nicht den Geschmack von rohem Fleisch. Meistens liegt es daran, dass der Geruch von frischem Fleisch nicht sehr intensiv ist im Gegensatz zu Fertigfutterprodukten, die einen extrem starken Geruch haben und Lock- und Geruchsstoffe enthalten, damit die Hunde sie überhaupt fressen. Der Hund erkennt das Fleisch erstmal nicht als Futter. Wenn Ihr Hund am Anfang das Fleisch ablehnt, können Sie das Fleisch entweder kurz anbraten oder mit kochendem Wasser überbrühen, damit das Fleisch stärker riecht.

Soll das Fleisch gewolft oder in großen Stücken gefüttert werden?

Sie können das Fleisch entweder gewolft oder in großen Stücken füttern. Vorteile von gewolftem Fleisch: Es ist leichter Gemüse darunter zu mischen und es ist etwas leichter zu verdauen z. B. für Hunde mit einer Pankreasinsuffizienz. Vorteile von großen Stücken: Es pflegt die Zähne, der Hunde frisst langsamer und es ist länger haltbar, da weniger Sauerstoff dran kommt. Bei Hunden, die extrem schlingen, ist es ratsam, das Fleisch entweder gewolft zu füttern oder in so großen Stücken, dass sie kauen müssen.

Unterschätzen Sie dabei bitte nie, welch große Stücke Fleisch ein Hund versuchen könnte zu schlucken. Z. B. ein 30 kg-Hund könnte ein Stück Fleisch bis zu 800 g-Größe herunterschlingen!

Gemüse und Obst

Gemüse und Obst stellen die zweite wichtige Grundlage der Rohernährung dar. Gemüse füttert man in erster Linie, um den Magen-Darm-Inhalt des Beutetieres zu ersetzen. Der Hund bekommt über das Obst und Gemüse Vitamine, Mineralien, Enzyme und zum Teil auch sekundäre Pflanzenstoffe. Eine weitere Aufgabe des pflanzlichen Anteils ist die Darmpflege bzw. -reinigung durch Faserstoffe. Die Faserstoffe sind auch wichtig um den Stuhl aufzulockern, damit es nicht zu Verstopfungen kommt. Bei Gemüse sollte viel Abwechslung statt finden, am besten füttert man Saisongemüse, da dieses zusätzlich noch dem Rhythmus der Natur Folge leistet.

Bei pflanzlichen Futtermitteln muss die Zellstruktur aufgeschlossen werden, da dem Hund die nötigen Enzyme dazu fehlen. Das macht man, indem man das Gemüse fein püriert oder leicht dünstet. Gemüse kann zum Fleisch oder als Einzelmahlzeit gefüttert werden. Obst kann ebenfalls zum Fleisch zusammen mit dem Gemüse gefüttert werden oder bei der Fütterung von Getreide eine vitaminreiche Beigabe sein. An Gemüse und Obst kann man im Prinzip alles füttern, grünes Blattgemüse sollte aber immer dabei sein. Wurzelgemüse kann hilfreich sein bei zu losem Stuhlgang; Blattgemüse, Kohlgemüse, Kürbisgemüse und Stengelgemüse wiederum bei Verstopfungen. Statt aufzulisten welche Gemüse- und Obstsorten Sie verfüttern können, liste ich lieber die Sorten auf, die Sie nicht bzw. nur in Kleinstmengen füttern sollten.

Nie füttern sollten Sie Avocados, Auberginen, rohe Bohnen, rohe Kartoffeln, Zwiebeln, Hülsenfrüchte, Rettich, Quitten und Holunderbeeren (roh); nur in Kleinstmengen können Sie Tomaten (nur reif!), Artischocken, Erbsen und stark ätherisches-Öl-haltige Küchenkräuter füttern. Knoblauch und Bärlauch können in kleinen Mengen gefüttert werden.

FAQ - häufig gestellte Fragen zu Gemüse und Obst

Mein Hund frisst sein Gemüse nicht - was soll ich tun?
Das kommt vor! Manche Hunde fressen nicht besonders gerne Gemüse. In so einem Fall versuchen wir es ihnen etwas schmackhafter zu machen. Dazu kann man etwas zum Gemüse beifügen, das der Hund gerne frisst und das sich gut mit dem Gemüse mischen lässt, z. B. Leber mit dem Gemüse pürieren, Thunfisch, Käsestückchen, Hüttenkäse, Quark, Joghurt, Buttermilch oder Hackfleisch. Am Anfang kann man nur eine kleine Menge Gemüse zu den oben genannten Zutaten mengen oder man kann zu Fleisch/Knochen etwas feingehacktes Grünzeug mit einem Ei geben. Das Ei sorgt dafür, dass das Grünzeug am Fleisch klebt und so mitgegessen wird.

Sind Trauben und Rosinen nicht gefährlich für Hunde?
Es gibt Fälle, in denen Hunde Nierenversagen erlitten nach dem Genuss von Rosinen und/oder Trauben. Woran das liegt ist noch nicht nachgewiesen worden. Aus diesem Grund

muss ich zur Vorsicht bzw. Verzicht raten. Vorkommen soll ein Nierenversagen nach Verzehr von Trauben am häufigsten bei Retrieverrassen. Ich füttere meinen Hunden seit 25 Jahren immer wieder kleine Mengen Trauben/Rosinen und habe noch nie ein Problem damit beobachtet oder je eine solche Vergiftung in meinem Umfeld erlebt. Juliette de Bairacli Levy sagte mir, dass sie in 70 Jahre Hundehaltung eine Vergiftung von Trauben/Rosinen nie bei ihren oder den Tausenden ihr bekannten Hunden erlebt hat.

Fazit: Wenn Trauben/Rosinen, dann Bio und in Kleinstmengen (unter 10 g)

Ist Knoblauch nicht giftig für Hunde?

Knoblauch, Zwiebeln und auch Bärlauch enthalten Sulfurverbindungen, die das Enzym Glucose-6-phosphat-Dehydrogenase (G6PD), das die Zellwände der roten Blutkörperchen schützt, vermindern können. Werden Oxidantien dem Körper zugeführt, überwältigen diese Oxidantien die antioxidativen Fähigkeiten der roten Blutkörperchen, sie werden geschädigt und Heinzkörper werden gebildet. Setzt sich dieser Prozess ungehindert fort, kommt es durch die Verminderung der roten Blutkörperchen zur Anämie und das Tier könnte sterben. Das nennt man eine Heinzkörperanämie. Es gibt einige Studien, in denen festgestellt wurde, dass Zwiebelgewächse, insbesondere Zwiebeln und Knoblauch, für Hunde giftig sind. Wenn Sie sich die betreffenden Studien im Volltext durchlesen (Lee et al., 2000) (Hu et al., 2002; Yamato et al., 2003) (Cope, 2005), werden Sie feststellen, dass alles nicht ganz so schwarz/weiß ist.

In den Studien zu Zwiebeln entwickelten sich hämolytische Veränderungen nach Verabreichung von 15-30 g/kg Körpergewicht und erst eine toxische Wirkung nach Verabreichung von über 50 g/kg Körpergewicht (über 2 Tage) (Cope, 2005).

In der Studie zu Knoblauch (Lee et al., 2000) kam es zu „was aussah wie" Veränderungen der roten Blutkörperchen erst nach Verabreichung von über 5 g/kg Körpergewicht, es entwickelte sich allerdings bei KEINEM der Tiere eine hämolytische Anämie.

In meinem Futterplan empfehle ich 3 x wöchentlich eine Knoblauchzehe für einen 30 kg-Hund.

Das sind 0,0001 % des Körpergewichts oder 0,1 g/kg Körpergewicht/3 x Woche.

Oder auf die Woche bezogen 0,3 g/kg Körpergewicht.

Vergleiche die „toxische" Dosis von 5,0 g/kg Körpergewicht/täglich oder auf die Woche bezogen 35,0 g/kg Körpergewicht.

Nach meinem Futterplan dürfte ein 30 kg-Hund 3 Knoblauchzehen pro Woche oder anders ausgedrückt 9,0 g Knoblauch pro Woche erhalten.

Toxisch wäre dagegen die mindestens **116-fache Menge** – bei einem 30 kg-Hund 350 Knoblauchzehen oder anders ausgedrückt **1050,0 g Knoblauch pro Woche**.

Es ist nicht möglich, eine krankmachende Veränderung der roten Blutkörperchen bei der von mir empfohlenen Dosierung (oder sogar der 10-fachen Dosierung) herbeizuführen!

Die gesundheitsfördernden Eigenschaften der Verabreichung von kleinen Mengen an Knoblauch überwiegen in diesem Fall.

Getreide

Getreide kann gefüttert werden, vorausgesetzt der Hund verträgt es. Futtermittelunverträglichkeiten sieht man am häufigsten bei Getreide, vor allem bei Weizen. Oft hängt die Unverträglichkeit mit dem Gluten, das in vielen Getreidesorten enthalten ist, zusammen. Der Hund braucht physiologisch nicht unbedingt Kohlenhydrate als Energielieferant, denn er bezieht seine Energie in erster Linie von Fett und zum Teil von Eiweiß. Möchte man aber Getreide füttern und verträgt es der Hund, dann liefern Kohlenhydrate schnelle Energie, vor allem von Bedeutung für Leistungshunde. Getreide macht auch dick, denn die enthaltene Stärke wird schnell in Glykogen verwandelt, das als Glukosereserve in der Leber und den Muskeln gespeichert und, wenn die Speicher voll sind, in Fett verwandelt wird. Bei gesunden Hunden ist Getreide in geringen Mengen sicherlich nicht schädigend.

FAQ - häufig gestellte Fragen zu Getreide

Sollte man Getreide füttern?
Das Füttern von Getreide ist unter den Rohfutterexperten noch eine sehr umstrittene Sache. Meine Meinung dazu: Getreide kann man, muss man aber nicht füttern, und in bestimmten Fällen sollte man Getreide komplett meiden. Nach meiner Erfahrung gibt es Hunde, die Getreide sehr gut vertragen und sogar sehr gerne essen, und andere, die gar nicht mit Getreide zurechtkommen. Auf keinen Fall sollte man Getreide in den Mengen (60–90 %) füttern, die bei Fertigfutter üblich sind. Der hohe Getreideanteil ist einer der Hauptnachteile von Fertigfutter. Wenn Getreide, dann Vollkornflocken oder Schrot, über Nacht in kaltem Wasser eingeweicht oder gekocht. Auf keinen Fall sollte man Getreide füttern bei: Krebserkrankungen, Allergien (insbesondere Futtermittelallergien), Gelenkerkrankungen, Epilepsie und Hefepilzbefall. Was gegen Getreide spricht: Es ist eigentlich kein natürliches Futter für Hunde, es führt oft zu Unverträglichkeiten, kann blähen und macht dick.

Welche Getreidesorten sind empfehlenswert?
Besonders gut sind naturbelassene Getreidesorten wie Amaranth, Quinoa, Hirse und Dinkel. Gerste, Hafer, Polenta und Roggen können bei Verträglichkeit auch gefüttert werden, Weizenkleie in kleinen Mengen liefert wichtige Faserstoffe zur Darmpflege. Folgende Getreidesorten sind glutenfrei: Amaranth, Buchweizen, Hirse, Mais, Quinoa und Reis. Weitere glutenfreie, kohlenhydrathaltige Lebensmittel sind Kartoffeln, Sesam und Soja.

Warum wird empfohlen Fleisch und Getreide zu trennen?
Das Mischen von Fleisch und Getreide kann Blähungen oder andere Verdauungsstörungen verursachen, und zwar wegen der unterschiedlichen Verdaulichkeit dieser Nahrungsmittel. Aus diesem Grund ist es empfehlenswert, Fleisch und Getreide zu trennen.

Milchprodukte

Milchprodukte sind zwar keine in der Natur vorkommende Nahrungsmittel für Caniden, können aber eine gute alternative Fett- und Eiweißquelle bei der Rohfütterung bieten. Bei der Verfütterung von reiner Milch bekommen viele Hunde Durchfall, da sie nicht mehr das Enzym Laktase haben um die Laktose in Milch zu verstoffwechseln. Interessant ist, dass Hunde, die vom Welpenalter an regelmäßig Milch bekommen haben, sie meist sehr gut vertragen. Möchten Sie Milch in Ihren Ernährungsplan einbinden, dann wäre Ziegenmilch (unbehandelt) die am besten geeignete Milch, da sie besonders vitaminreich, fettreich und leichter verdaulich ist.

Hochwertige Milchprodukte wie Buttermilch, Joghurt oder Dickmilch liefern zusätzlich noch lebende Kulturen, die dem Darm zugute kommen, vor allem nach Durchfallerkrankungen oder Antibiotikagaben. Zusätzlich sind sie reich an Vitamin A und D. Milchprodukte sind ein gutes Mittel um Getreide- und Gemüsemahlzeiten schmackhafter zu machen.

Frischkäse bzw. körniger Frischkäse ist eine gut verträgliche Zutat mit verhältnismäßig wenig Fett. Hart- und Weichkäse bieten eine Alternative zu gebackenen Hundeleckerlis, werden aber in großen Mengen oft nicht gut vertragen.

Quark ist sehr fettreich, wird gut vertragen und kann hilfreich sein bei Hautproblemen und um einem mageren Hund zur Gewichtszunahme zu verhelfen.

Butter kann in kleinen Mengen als Fettlieferant und Geschmacksverbesserer gefüttert werden. Ghee (geklärte Butter) ist besser verträglich als normale Butter und wird oft an Schlittenhunde verfüttert, da diese Hunde extrem hohe Mengen an Fett brauchen um Hochleistungen erbringen zu können.

Fazit: Milchprodukte können, müssen aber nicht verfüttert werden. Immer mit kleinen Mengen anfangen um die Verträglichkeit zu testen. Nicht mehr als 5 % der Gesamtration.

31

Öle und Fette

Die Omega-3- und Omega-6-Fettsäuren gehören zu den essentiellen Fettsäuren für den Hund. Das heißt, der Hundekörper kann diese Fettsäuren nicht selber herstellen und muss sie deshalb über die Nahrung aufnehmen. Durch die Fütterung von Fleisch mit Fett bekommt der Hund eigentlich genug Omega-6-Fettsäuren, also sollte man zur Nahrungsergänzung Öle mit einem hohen Omega-3-Fettsäuregehalt nutzen. Fischöl, Hanföl und Leinsamenöl haben den höchsten Prozentsatz an Omega-3-Fettsäuren, wobei Fischöle reich an Eicosapentaensäure (EPA) und Docosahexaensäure (DHA) sind.

Das erste Anzeichen für einen Fettsäuremangel beim Hund ist ein schlechtes Haarkleid oder Juckreiz. Oft hilft es schon, wenn man die Omega-3-Fettsäuren ergänzt.

Viele fragen sich wie es denn sein kann, dass der Hund eine Beigabe von Omega-3-Fettsäuren braucht, denn in der Natur gibt es für wilde Caniden auch keine Ölbeigabe. Eine Erklärung könnte sein, dass das Fleisch, das wir füttern, oft einen sehr geringen Gehalt an Omega-3-Fettsäuren hat, bedingt durch die minderwerte Ernährung der Masttiere. Das Fleisch von Freilandtieren enthält z. B. bis zu 20 mal soviel an Omega-3-Fettsäuren wie das Fleisch von Masttieren. Bei Wild ist der Omega-3-Fettsäuren-Gehalt noch höher!

Ein weiteres Öl, das ich gerne wegen seines hohen Gammalinolensäuregehalts einsetze, ist Borretschöl. Gammalinolensäure (GLS) wird durch ein körpereigenes Enzym aus der ungesättigten Linolsäure, die dem Körper über die Nahrung zugeführt wird, gebildet. Funktioniert dieses Enzym nicht optimal oder enthält die Nahrung nicht genügend Linolensäure, kann GLS nicht in ausreichenden Mengen gebildet werden. Dadurch wird die Hautfunktion stark beeinträchtigt, denn GLS ist nicht nur ein wichtiger Bestandteil der Haut, sondern dient auch als Vorstufe für die Bildung wichtiger Gewebshormone. Ein solches Gewebshormon ist Prostaglandin E 1, von dem bekannt ist, dass es entzündungshemmende und juckreizmindernde Eigenschaften besitzt.

Gammalinolensäure senkt darüber hinaus den Blutdruck, lindert übermäßige Blutverklumpung, kann Ekzeme lindern und vermindert abnorme Zellentwicklung (Krebs).

Schwarzkümmel-, Nachtkerzen- und Hanföl enthalten auch Gammalinolensäure, aber Borretschöl ist mit einem Anteil von 20-24 Prozent Gammalinolensäure die beste Wahl.

Weitere Öle, die man füttern kann, sind Distelöl, Olivenöl, Maisöl und Sonnenblumenöl, wobei diese Öle nicht so reichhaltig an Omega-3-Fettsäuren sind wie Leinsamen- oder Fischöl. Maisöl wird häufig wegen Allergien nicht gut vertragen, bei Leinsamenöl habe ich auch schon einige Hunde erlebt, die allergische Reaktionen darauf zeigten.

Es sollte ausreichend Vitamin E mit dem Öl verabreicht werden, um zu verhindern, dass die Fettsäuren im Körper „ranzig" werden.

Kräuter

Hundebesitzer haben eines gemeinsam; sie gehen täglich mit ihren Hunden in der Natur spazieren. Viele entwickeln ein Interesse an den Wildpflanzen, denen sie unterwegs begegnen. Kräuter gehören zur normalen Ernährung dazu. Alle Wildtiere bedienen sich der Apotheke der Natur und so sollten auch Sie Kräuter in den Speiseplan Ihres Hundes einbauen. Heilkräuter mit stark medizinischer Wirkung sollten Sie nicht ohne Anleitung eines Phytotherapeuten anwenden, aber es gibt sehr viele Kräuter, die sich für eine tägliche Nahrungsbeilage eignen.

Zum Beispiel eignen sich Brennessel, Dill, Borretsch, Gänseblümchenblätter, Gräser, Klee, Brunnenkresse, Löwenzahn, Malven, Petersilie, Schafgarbe, Spitzwegerich, Vogelmiere, Giersch, Hagebutten, Alfalfa und Brombeerblätter zur normalen Fütterung. Auch hier gilt abwechslungsreich, am besten nach Saison und in kleinen Mengen.

Kräuter sammelt man grundsätzlich dann, wenn der Teil der Pflanze, den man einsetzen möchte, am stärksten ist. Blüten sammelt man zum Beispiel am besten, wenn es sonnig ist und die Blüte in ihrer vollen Pracht erscheint. Blätter sammelt man, bevor die Blüten austreiben, da dann die Kraft der Pflanze noch in den Blättern steckt. Ausnahmen sind Kräuter, von denen man die gesamten oberirdischen Teile benutzt. Wurzeln erntet man entweder im Spätherbst, Frühwinter oder im Frühjahr, bevor die Planze neu austreibt.

Die beste Zeit für Wurzeln ist dann, wenn es bereits ein- oder zweimal Frost gegeben hat, denn dann steckt die Kraft der Pflanzen am stärksten in den Wurzeln, da die oberirdischen Teile abgestorben sind.

Man kann die gesammelten Kräuter trocknen, so dass man für den Winter einen Vorrat hat. Hochwertige, fertige Kräutermischung bekommen Sie bei DHN Naturprodukte unter www.barfshop.de.

Es stellt sich oft die Frage, wie man die verschiedenen Wildkräuter neben der Futterergänzung noch verwenden kann. Eine schöne Möglichkeit ist die Herstellung von Salben. In unserem Breitengrad wachsen viele Heilkräuter, die sich zur Salbenherstellung bestens eignen wie zum Beispiel Vogelmiere, Johanniskraut, Beinwell, Wegerich und Rosskastanie.

Unter www.barfers.de finden Sie weitere Infos zu Kräutern sowie Termine von Kräuterseminaren.

Kräuterrezepte

Blutreinigung 1 (entgiftend/tonisierend)

2 Teile Klettenwurzel

2 Teile Klettenlabkraut

1 Teil Löwenzahn (kraut)

1 Teil Rotkleeblüten

1 Teil Brennessel

1/2 Teil Knoblauch (optional - bei Blähungen weglassen)

Dosierung:

Tag 1-2: 0,5 TL/10 kg/Körpergewicht

Tag 3-5: 1 TL/10 kg / Körpergewicht

Tag 6-21: 2 TL/10 kg/Körpergewicht (= 2 EL/30 kg-Hund) danach 2 Wochen Pause

Magen-Darmverstimmungen

4 Teile Slippery Elm

4 Teile Eibisch

2 Teile Süssholz

2 Teile Fenchel

2 Teile Wegerich

1 Teil Ingwer (bei Verstopfung)

oder 1 Teil oder Zimt oder Salbei (Salbei 1/2 Menge) (bei Durchfall)

Einen starken Absud machen (60-80 g getrocknete Kräuter auf einen Liter Wasser), davon 2-3 EL /30 kg-Hund alle 2-3 Stunden, bis Besserung eintritt, dann 2 x täglich für 2-3 Tage. Der Hund sollte in der akuten Phase besser fasten. Bei chronischen Magen-Darmerkrankungen: Zu dieser Mischung kann man auch Katzenkralle tun als Ersatz für Fenchel, Wegerich, Inger, Zimt und Salbei und die Mischung über einem Monat unter das Futter mischen zur Unterstützung der Darmflora. (2 EL /Tag 30 kg-Hund). Kräuter vorm Verfüttern mit heißem Wasser überbrühen und 10-15 Minuten ziehen lassen.

Eibisch Hustensyrup

1 Liter Wasser

40 g Eibischwurzel (getr.)

5 g Huflattichblüten

5 ml Propolistinktur

1 kg Honig

150 g brauner Zucker

Einen Absud herstellen mit Eibisch und Huflattich. Schwach köcheln lassen, bis die Flüssigkeitsmenge um die Hälfte reduziert ist. Absieben, Honig und Zucker dazu geben und köcheln lassen bei ständigem Rühren, bis es eine einheitliche Masse ergibt. Propolis einrühren und in dunkle Gläser abfüllen. Bei Husten und Halsschmerzen.

Sonstige Futtermittel

Fisch

Fisch ist ein durchaus geeignetes Hundefutter und ist besonders reich an Omega-3-Fettsäuren. Thunfisch aus der Dose kann auch gefüttert werden, es ist jedoch ratsam, ihn vorher gut abzuspülen wegen der Öle und Salze, mit denen er meist zubereitet wird. Bei selbstgefangenen Fischen darauf achten, dass der Angelhaken entfernt wurde!

Leider ist Fisch heutzutage oft sehr schadstoffbelastet, so dass Sie sicherstellen sollten, dass der Fisch aus sauberem Gewässer stammt. Vorsicht bei Pazifischem Lachs - er ist oft mit Rickettsien infiziert, die für den Hund gefährlich sind.

Eier

Rohes Eiweiß enthält Avidin, welches das Vitamin Biotin zerstört. Das ist aber unwesentlich, wenn das Eigelb mitverfüttert wird, da der hohe Biotingehalt des Eigelbs die Avidinwirkung übertrifft. Eier sind hochverdaulich und gute Eiweißlieferanten für Hunde in der Rekonvaleszenz. Ganze Eier sind außerdem sehr calciumreich, wenn man die Schale mitfüttert. Eierschalen haben einen Calcium-Gehalt von 37 %, eine Eierschale wiegt 6-7 g.

Essensreste

Ein gesunder Hund verträgt fast jede Nahrung, drum spricht nichts dagegen, dem Hund ab und zu Essensreste zu verfüttern. Essensreste sollten jedoch nicht zu einem Großteil der Nahrung für Ihren Hund werden. Vorsicht bei stark zuckerhaltigen Lebensmitteln, stark gewürzten Gerichten oder Gerichten mit Zwiebeln, da ist der Kompost vielleicht die bessere Alternative.

Leckerli

Das Leckerli-Problem! Jahre habe ich gebraucht, um meinen Freunden beizubringen, dass sie nicht immer irgendwelche Hundeleckerlis mitbringen sollen. Heute kommen sie mit selbst gebackenen Keksen oder warten, bis ich ein paar Würfel Fleisch geschnitten habe. Meine Hunde würden sich zwar über den Besuch auch ohne Leckerli sehr freuen, aber es scheint in der Natur des Menschen zu liegen, jedes Tier füttern zu wollen.

Es gibt bei der BARF-Ernährung genug Möglichkeiten gesunde Leckerlis zu füttern. Als Belohnungshäppchen beim Training sind Käsewürfelchen bestens geeignet. Herz und Leber lassen sich auch schön in kleine Würfelchen schneiden, allerdings koche ich sie leicht ab, damit sie nicht an den Fingern kleben und so beim Training leichter verabreicht werden können. Als Leckerli für zwischendurch tut's ein Stückchen Obst, Nüsse oder kleine Stücke Fleisch. Es gibt auch viele Rezepte für Hundekekse zum Selberbacken, sogar getreidefrei. Sie können auch Fleischstreifen oder -würfel schneiden und trocknen, so sind sie recht lange haltbar.

Wasser

Etwa 70 % des Hundekörpers besteht aus Wasser. Wasser wird bei allen Zellfunktionen gebraucht z. B. zum Nährstofftransport im Körper, um Abfallprodukte abzutransportieren und um die Körpertemperatur zu regulieren. Ihr Hund sollte stets frisches, sauberes Wasser zur Verfügung haben. Hunde regulieren ihre Körpertemperatur mit Wasser, da sie nicht schwitzen, und können bereits nach 48 Stunden ohne Wasser irreparable Organschäden erleiden.

Vorsicht mit dem Gartenteich, oft sind kleine, stille Außengewässer eine Brutstätte für Einzeller, an denen der Hund erkranken kann. Auch Pfützen können Erreger und Bakterien wie Leptospiren beherbergen. Ein gesunder Hund wird mit den meisten dieser Erreger gut fertig, trotzdem sollte er jeden Tag sauberes Wasser bekommen. Der Napf sollte aus Edelstahl oder Keramik sein, viele Hunde trinken z. B. gerne aus Näpfen, die aus mit effektiven Mikroorganismen behandeltem Ton hergestellt worden sind.

Der Bedarf an Wasser variiert stark, je nach Außentemperatur, Aktivität, Gesundheitszustand und Nahrung. Da das Rohfutter bis zu 75 % Wasser enthält, trinken die meisten Hunde nach der Umstellung auf BARF wesentlich weniger.

Nahrungsergänzung - muss das sein?

Nach der Umstellung auf BARF könnte man annehmen, dass eine Ergänzung des Futters überflüssig ist, aber einige Punkte sind doch zu bedenken. Da wir nicht ganze Tierkörper verfüttern, fehlt doch noch das eine oder andere. Z. B. bekommen Hunde bei der Rohfütterung in der Regel wenig Blut und Gedärme und kein Hirn, Augen, Fell, Horn usw.

Gerade diese Teile liefern aber wertvolle Vitamine, Mineralien, Fette und Faserstoffe, die nicht immer mit Fleisch, Gemüse, Obst und Getreide ersetzt werden können. Wilde Tiere fressen gelegentlich auch Erde, Kot und Wildpflanzen um ihre Nahrung zu „ergänzen". Meistens möchte jedoch der Hundebesitzer nicht, dass der Hund Kot von Pflanzenfressern frisst und der ständige Zugang zu wilden Heilkräutern ist vielen Hunden verwehrt.

Dazu kommt, dass wir fast ausschließlich das Fleisch von domestizierten Tieren verfüttern. Solche Tiere kommen oft aus Mastbetrieben, wo sie gar keinen Zugang zu Weiden haben oder sie stehen auf Weiden, die kaum noch eine Pflanzen- und Gräservielfalt oder Laub bieten. Geflügel kommt oft aus Käfighaltung, wo die Lebensbedingungen extrem stressig und unhygienisch und die Nahrung minderwertiges, industriell verarbeitetes Futter ist. Diese Faktoren wirken sich unmittelbar auf die Fleischqualität aus. Die Phytonährstoffe, Spurenelemente, sekundären Pflanzenstoffe und essentiellen Fettsäuren, die unseren Masttieren in ihrer Nahrung fehlen, fehlen folglich in ihrem Fleisch. Doch gerade diese Nährstoffe spielen wichtige Rollen in dem Stoffwechsel, der Immunabwehr, der Fortpflanzungsfähigkeit und dem Wachstum unserer Hunde.

Wenn man dann noch das Gemüse, Getreide und Obst betrachtet, das heute in den Geschäften angeboten wird, entsteht ein eher düsteres Bild. Von genmanipuliertem Gemüse und Getreide bis hin zu bestrahlten und mit Schadstoffen belasteten Lebensmitteln ist heute alles geboten. Vieles an Obst und Gemüse wird unreif geerntet, damit es lange Transportwege übersteht, was dazu führt, dass diese Lebensmittel verhältnismäßig nährstoffarm sind. Getreide wird nach Ertragswert gezüchtet und nicht nach Nährwert. Überall sind Pestizide, Umweltgifte und Schwermetallbelastungen zu finden.

Aus diesen Gründen macht es durchaus Sinn, das Hundemenü mit einigen Zutaten zu ergänzen, um die oben beschriebenen Defizite etwas zu beheben.

Gerade Heilpflanzen und Gartenkräuter bieten hier eine gute Lösung. Als Hundebesitzer ist man täglich im Grünen um den Hund zu bewegen, so dass man mit ein bißchen Heilpflanzenwissen bereits wertvolle Ergänzungsmittel aus der Natur mitnehmen kann. Am Hof Drei Hunde Nacht biete ich Kurse an, in denen Sie lernen können Wildkräuter zu erkennen, zu ernten, zuzubereiten und einzusetzen. Sie können zudem mit wenig Platz im Garten oder sogar auf dem Balkon einige Futterkräuter selbst züchten. Kräuter sind reich an sekundären Pflanzenstoffen, Spurenelementen, Vitaminen und Mineralien.

Sie wirken auf verschiedene Organsysteme und helfen dem Körper bei der Verdauung, der Immunabwehr, der Gesunderhaltung auf zellulärer Ebene und der Krankheitsvorbeugung, beispielsweise bei Krebs.

Sind Sie nicht in der Lage Kräuter selbst zu züchten oder zu sammeln, gibt es gute Kräutermischungen im Handel. Beim Einkauf sollten Sie sehr auf Qualität achten, denn heute ist der Ergänzungsfuttermittelmarkt ein großes Geschäft. Es gibt inzwischen viele Billiganbieter mit Ware aus Ländern wie China, die wenig bis keiner Regulierung und Schadstoffkontrollen unterzogen wird. Oft ist die Billigware letztendlich teurer, da man anstatt dem Körper zur Gesundheit zu verhelfen, ihn mit noch mehr Schwermetallen und Giften belastet. Lassen Sie sich nicht mit Werbeslogans wie „Zertifiziert nach ISO 14001" verwirren, solche Zertifikate sagen gar nichts über die Qualität der Ware aus. Fragen Sie nach Herkunft und Analysen der Ware. Aussagen wie „wir nehmen das XY selber" sind unseriös. Ein guter Hersteller kann offen sagen, wo seine Ware herkommt und Kopien von Analysezertifikaten vorlegen. Da man von hochwertigen Produkten viel weniger braucht, sind sie im Endeffekt nicht teurer im Gebrauch als Billigprodukte. Achten Sie auch drauf, dass in Nahrungsergänzungsmitteln kein Zucker, Nebenprodukte und Konservierungsstoffe enthalten sind. „Bio" darf man überall hinschreiben - echte Bioprodukte tragen die Bezeichnung kbA für „kontrolliert biologischer Anbau".

FAQ - häufig gestellte Fragen zur Nahrungsergänzung

Muss ich wirklich alles an Nahrungsergänzung beifüttern?

Nein, müssen Sie nicht! Es wird oft zuviel an Nahrungsergänzung beigefüttert, was im schlimmsten Fall zu einer Überversorgung mit bestimmten Vitaminen oder Mineralien führt und bestenfalls eine Geldverschwendung ist. Es gibt eigentlich wenige Nahrungsergänzungsmittel, die ich für notwendig halte: Vitamin C und E (Antioxidantien) in einer natürlichen Form (z. B. Hagebutten) wegen der erhöhten Umweltverschmutzung und Stress; Meeresalgen wegen der Spurenelemente, vor allem Jod; und essentielle Fettsäuren auch wegen Umweltbelastungen und Stress.

Kräuter gehören für mich zur normalen Ernährung dazu und sollten in kleinen Mengen, am besten im natürlichen Rhythmus beigefüttert werden. Kräuter sind wichtige Lieferanten von Vitaminen, Mineralien und sekundären Pflanzenstoffen. Im Idealfall lernen Sie die einheimischen Kräuter zu bestimmen und sammeln frische Wildkräuter für Ihren Hund bei den täglichen gemeinsamen Spaziergängen.

Woher weiß ich, welche Nahrungsergänzungsmittel zu füttern sind?

Dazu müssen Sie ihren Hund genau beobachten, um festzustellen, ob irgendwas im Futterplan fehlt. Eine regelmäßige Kontrolle beim Tierarzt mit Blutbild ist eine gute Möglichkeit, die Ausgewogenheit der Ernährung zu bestimmen. Ist hier eine Mangelerscheinung zu sehen, kann das durch gezielte Nahrungsergänzung korrigiert werden. Auch ist wichtig, dass Sie die Lebenssituation Ihres Hundes gut einschätzen; ein Hund, der Sport treibt oder viel Stress ausgesetzt ist (Zwingerhaltung mit vielen Tieren, Großstadt), hat einen erhöhten Vitamin- und Energiebedarf; junge, trächtige oder kranke Tiere bedürfen teils mehr, teils besonderer Nahrungsmittel und/oder bestimmter Nahrungsergänzungsmittel.

Wasserlösliche Vitamine werden bei Überschuss vom Körper ausgeschieden (Vitamin C und B-Vitamine) und können nur schwer überdosiert werden.

Fettlösliche Vitamine (Eselsbrücke: EDeKA = Vitamin E, D, K, A) werden im Körper gespeichert. Überdosierungen können genauso wie Mängel der Gesundheit schaden. Es gibt inzwischen einige deutsche Bücher, in denen der Bedarf des Hundes an Vitaminen und Mineralien gut erläutert wird. Ein Tierheilpraktiker oder Ihr Tierarzt kann hier auch behilflich sein.

Wann und welche Kräutermischung sollte ich füttern?

Es sind mittlerweile sehr viele Kräutermischungen für Tiere auf dem Markt. Einige sind sinnvoll und von guter Qualität, andere bewirken eher einen teuren Stuhlgang. Kräuter können durchaus als sinnvolle Nahrungsergänzung dienen, sind aber auch zum Teil Arzneimittel, mit denen man umsichtig hantieren sollte. Kräuter mit starker oder heilender Wirkung sollten nur als Kur gefüttert werden, um eine Gewöhnung des Körpers oder gar eine Überdosierung zu verhindern. Es gibt bei Kräutern sehr große Qualitätsunterschiede; von Industriequalität (für Kosmetika und Seifen) bis zu Arzneiqualität, die sich zur Nahrungsergänzung oder als Heilmittel eignen. Sie sollten sich von der Qualität Ihres ausgewählten Produktes überzeugen oder eine Kräutermischung selbst zusammenstellen aus Kräutern aus der Apotheke oder von einem biologisch-organischen Kräuterlieferanten.

Kräuter können eine gute Quelle für Mineralien und eine gute Vitaminergänzung sein. Z. B. ist die Hagebutte die Vitamin-C-reichste Pflanze überhaupt. Alfalfa (Luzerne) enthält die Vitamine A, B 1, B 6, B 12, C, D, E, K und U, Beta-Karotin, Pantothensäure, Biotin, Folsäure, Calcium, Phosphor, Kalium, Magnesium, Eisen, Zink, Kupfer, Aminosäuren und Spurenelemente. Es hilft bei der Geweberegeneration, wirkt antibakteriell, hilft bei der Entgiftung, Darmproblemen, Diabetes und Arthrosen.

Wofür sind Meeresalgen gut?

Meeresalgen sind sehr reich an Mineralien, Spurenelementen, Vitaminen und Proteinen. Sie enthalten durchschnittlich zehnmal mehr Mineralien als frisches Gemüse, sind sehr reich an den Spurenelementen Jod, Kupfer und Zink - wichtig für Schilddrüsenfunktion, Haut, Fell, Wachstum - und enthalten alle wichtigen Aminosäuren. Meeresalgen sind außerdem eine gute Calciumquelle.

Die bekanntesten Algen sind:

Spirulina - eine Blaugrünalge, in der alle lebensnotwendigen Aminosäuren vorkommen, mit sehr hohem Gehalt an ß-Karotin, B 1, B 12, Eisen und Chlorophyll.

Blasentang und Ascophyllum nodosum - Braunalgen, die besonders jodreich sind.

Laminaria - eine Braunalge, die die Aufnahme von Magnesium fördert und wegen des Laminingehaltes den Blutdruck senken kann.

Algen werden eingesetzt bei Darmproblemen, Durchblutungsstörungen, Jodmangel, Arthrosen, Hautproblemen und als Nahrungsergänzung zur Gesundheitsvorsorge.

Wofür ist Neuseeland Grünlipp Muschelextrakt gut?

Die grünlippige neuseeländische Meeresmuschel enthält neben Mineralstoffen, Spurenelementen und wertvollen Aminosäuren einen ungewöhnlich hohen Anteil an GAGs (Glycosaminglykane), die die Regeneration von Knorpel und Bindegewebe fördern. Dieses Muschelmehl ist sehr hilfreich bei allen arthritischen Beschwerden und wirkt am besten, wenn die Zufuhr von Vitamin C und E sowie hochwertigen Fettsäuren gleichzeitig erhöht wird. Auch hierbei ist auf Qualität zu achten!

Braucht der Hund unbedingt zusätzliches Vitamin C?

Laut wissenschaftlicher Meinung produziert der Körper des Hundes ausreichend Vitamin C, aber ich glaube, heutzutage ist der Hund mehr Stress und Umweltgiften ausgesetzt als seine wilden Brüder. Deshalb halte ich eine Ergänzung mit Vitamin C bei bestimmten Erkrankungen für sinnvoll. Hierzu kann man Ascorbinsäure füttern, die billig ist, aber manchmal den Magen reizt. Weitere Möglichkeiten sind Calciumascorbat (magenschonender) oder Hagebutten (natürlich). Bei Hagebutten ist der Nachteil, dass man sehr große Mengen benötigt, wenn man z. B. 500-1000 mg Vitamin C/Tag füttern möchte.

Vitamin C stärkt das Immunsystem, hilft bei arthritischen Beschwerden und ist notwendig für den Knorpel- und Knochenaufbau. In einer Studie mit 8 Verpaarungen von Hunden, die mit HD vorbelastet waren, hat die Zugabe von hochdosiertem Vitamin C eine HD bei den Nachkommen zu 100 Prozent verhindert. Leider wurde eine solche Studie nicht wiederholt, also kann man daraus nur bedingt eine Schlussfolgerung ziehen. Vitamin C wird in Stressphasen stärker abgebaut, also sollte dann die Dosis erhöht werden. Überdosierung kann Durchfälle verursachen; in diesem Fall muss reduziert werden. Ich halte eine Gabe von Hagebuttenmehl beim relativ gesunden Hund für ausreichend und empfehle bei Arthrose oder Knochenentzündungen bis zu 5000 mg kurzzeitig, danach eine Reduzierung auf 500-1000 mg/Tag.

Wofür sind Verdauungsenzyme gut?

Verdauungsenzyme helfen bei der Verdauung, indem sie die Nahrungsmittel in resorbierbare Bestandteile aufspalten. Rohfutter hat Enzymaktivität und der Körper hat über die Bauchspeicheldrüse auch eine begrenzte Menge an Enzymen. Ein Hund, der von Anfang an Rohfutter frisst, bedarf keiner Enzyme als Nahrungsergänzung. Wurde ein Tier aber jahrelang mit Fertigfutter ernährt, kann es sein, dass die Bauchspeicheldrüse nicht mehr richtig funktioniert. In diesem Fall ist es sinnvoll, Enzyme zu füttern. Manchmal erholt sich die Verdauung nach einiger Zeit so weit, dass die Enzyme wieder abgesetzt werden können. Bei einigen Hunden, vor allem solchen mit chronischen Verdauungsstörungen oder degenerativen Krankheiten, ist es notwendig, ständig Verdauungsenzyme beizufüttern.

Was sind probiotische Kulturen und wofür sind sie gut?
Über den Verzehr fermentierter Lebensmittel nehmen wir eine große Anzahl an Milchsäurebakterien auf. Sie können ihre positive Wirkung allerdings nur dann entfalten, wenn sie die Magenpassage überstehen und in ausreichenden Mengen lebend im Darm ankommen. Diese Fähigkeiten besitzen insbesondere probiotische Kulturen. Probiotische Kulturen sind nützliche Milchsäurebakterien, die die natürliche Balance der Darmflora beeinflussen können. Probiotika helfen, das Gleichgewicht zwischen den „guten Bakterien" (Milchsäurebakterien) und den „schlechten Bakterien" zu erhalten. Sie unterstützen die Barrierefunktion des Darms gegen Bakterien, Pilze und Viren und damit die natürlichen Abwehrkräfte. Probiotische Kulturen findet man in Milchprodukten wie Joghurt.

Ist Knoblauch wirklich so gesund?
Ja, Knoblauch ist gesund. Knoblauch wirkt antibakteriell, aber auch antivirale und antiparasitäre Wirkungen wurden in Studien festgestellt. Die Knoblauchknolle enthält Alliin und das Enzym Allinase. Allinase kann Alliin in Allicin umwandeln; dieser geruchsintensive Bestandteil besitzt die meisten positiven Eigenschaften. Der Einsatz von Knoblauch zur Prophylaxe von Herz-Kreislauf-Erkrankungen beim Menschen ist vielfach bestätigt. Die regelmäßige Einnahme von Allium sativum hält die Gefäße länger geschmeidig. Er wirkt mild cholesterinsenkend, hemmt die Bildung freier Radikaler und aktiviert die radikalenfangenden Enzyme. Und nicht zu vergessen bei der Aufzählung der guten Eigenschaften des Knoblauchs ist die Wirkung seines hohen Gehalts an ätherischen Ölen. Sie überdecken den Milchsäuregeruch, den Zecken und andere Parasiten als Auslösemechanismus benötigen, und reduzieren so erfolgreich den Befall.

Verursachen Brennesseln wirklich allergische Reaktionen?
Brennessel ist eines der ältesten Kräuter, die man **gerade** bei Allergien einsetzt. Tatsächlich reduzieren Nesseln die Menge an Histamin, die der Körper ausschüttet bei allergischen Reaktionen. Allergiesymptome werden dadurch gelindert. Die Brennessel enthält über 20 verschiedene Substanzen, unter anderem Histamine. Zudem enthalten Brennesseln Bioflavenoide, die abschwellend, entzündungshemmend und antihistamin wirken. Eigentlich sind Histamine sehr nützlich und wichtig bei der körpereigenen Abwehr von Fremdstoffen, aber Histamine werden auch vom Körper freigesetzt, wenn man Allergenen ausgesetzt wird. Die Histamine sind dann verantwortlich für die „allergische Reaktion", die sich in Atemnot, Schwellungen, Ausschlägen usw. äußern kann.

Das Schöne an der Brennessel; die Histamine in den Brennesseln docken an Histaminrezeptoren im Körper an und verhindern so, dass die körpereigenen Histamine das tun. Pflanzliche Histamine wie die in den Brennesseln sind aber in der Regel so schwach, dass sie im Körper von Menschen und Tieren keine Symptome einer allergischen Reaktion bewirken. Die Wirkung ist in dem Fall ähnlich eines Anti-Histamins.

Die „Haare" an den Blättern enthalten wenig Histamin, dafür Ameisensäure, die aber erst freigesetzt wird, wenn die Härchen sich unter die Haut gebohrt haben.

Vitamine

Vitamin A

Vitamin A (Retinol) gehört zur Gruppe der fettlöslichen Vitamine. Der Ursprung aller Formen von Vitamin A sind Carotinoide, die von Pflanzenzellen synthetisiert werden. Carotinoide sind dunkel-rote Pigmente, die vielen Pflanzen ihre gelbe bis orange Farbe verleihen. Wenn Tiere die Carotinoide in Pflanzen zu sich nehmen, werden diese Carotinoide (auch Provitamin A genannt) im Darm durch Enzyme in aktives Vitamin A konvertiert. Wie gut die Carotinoide in Vitamin A umgewandelt werden können, hängt von ihrer Struktur ab. Die günstigste Struktur weist Beta-Carotin auf. Das aktive Vitamin A wird dann hauptsächlich in der Leber gespeichert.

Carotinoide und Vitamin A sind in der Nahrung hauptsächlich in einer bestimmten Form von Fetten (Estern) vorhanden. Dadurch ist ihre Resorption eng mit dem Fettstoffwechsel verbunden. Beim Hund liegt Vitamin A überwiegend als Ester vor, der von Lipoproteinen transportiert wird. Entsprechend schwanken die Werte im Blutserum erheblich in Abhängigkeit von der Zufuhr. Hunde können, im Gegensatz zu Katzen, Beta-Carotin in aktives Vitamin A umwandeln.

Beta-Carotin ist am häufigsten in pflanzlichen Lebensmitteln vorhanden und hat die höchste biologische Aktivität aller Carotinoide. Aktives Vitamin A ist in Lebensmitteln tierischer Herkunft enthalten, wie z. B. Leber, Fischöl, Lebertran, Eier und Milch. In Milch kommt das Retinol vorwiegend im Rahm vor, so dass Magermilch nur noch wenig Vitamin A enthält. Vitamin A und Carotinoide sind sehr empfindlich gegenüber Licht, Sauerstoff und Säuren, wodurch sie ihre biologische Wirksamkeit verlieren. Falsche Lagerung und Zubereitung können die Bioverfügbarkeit von Vitamin A und Carotinoiden halbieren. Um die Bioverfügbarkeit von Beta-Carotin möglichst zu erhöhen, sollten z. B. Karotten entweder püriert, in Saft verarbeitet oder leicht gedämpft sein, damit die Zellen aufgeschlossen werden. Rohe, unzerkleinerte Zellen werden zum größten Teil wieder ausgeschieden und mit ihnen die Carotine. Die Bioverfügbarkeit von Vitamin A wird außerdem noch positiv beeinflusst durch die gleichzeitige Zufuhr von Fetten und Antioxidantien. Große Mengen an Carotinoiden werden schlechter verwertet als kleinere Mengen. Eine Diät mit hohem Proteingehalt bedarf mehr Vitamin A, und Tiere, die an Leber-, Pankreas- und Nierenerkrankungen oder Infektionen leiden, haben ebenfalls einen erhöhten Bedarf.

Vitamin A ist als Bestandteil des Sehpurpurs am Sehvorgang beteiligt. Es erhöht die Infektabwehr der Schleimhäute, schützt sie vor Verhornung und hat daher eine Epithelschutzfunktion. Vitamin A und Beta-Carotin erleichtern die Produktion von Antikörpern in den weißen Blutkörperchen und erhöhen so die Zahl und die Wirksamkeit der weißen Blutkörperchen gegen Infektionen. Auch in der Eiweißsynthese spielt Vitamin A eine wichtige Rolle. Darüber hinaus ist Vitamin A beteiligt an der Plazenta- und Embryonalentwicklung sowie an der Spermienproduktion und spielt damit eine Rolle bei der Fortpflanzung.

Das im Organismus aus Vitamin A gebildete Retinol reguliert Wachstum und Aufbau von Haut, Schleimhäuten, Lymphgefäßen, Geschlechtszellen, Zähnen und Knochen. Beta-Carotin erhöht außerdem die zelluläre und humorale Immunantwort nach Impfungen bei Hunden. Carotinoide fungieren auch als Radikalfänger und besitzen somit zusätzlich eine krebsvorbeugende Funktion. Nach der Absorption wird Vitamin A über die Blutbahn in die Gewebe und Speicherorgane (Leber, Niere) transportiert.

Vitamin A Bedarf
Der Hund braucht im Erhaltungsstoffwechsel 75–100 IE Vitamin A pro kg Körpermasse pro Tag. Das ergibt z. B. 2250–3000 IE Vitamin A pro Tag für einen 30 kg schweren, ausgewachsenen Hund. Welpen, ältere, kranke, hochtragende oder laktierende Hündinnen sollten 250 IE/kg KM/Tag erhalten oder 7500 IE Vitamin A pro Tag für den 30 kg schweren Hund. Weitere Faktoren, die den Vitamin A Bedarf erhöhen, sind Stress, Umweltverschmutzung, Entzündungen, Diabetes und Schilddrüsenunterfunktion.

Vitamin A Mangel
Eine Unterversorgung mit Vitamin A kann auf Dauer bei erwachsenen Hunden zu Unfruchtbarkeit, Bindehautentzündungen, Hornhauttrübungen, Infektionsanfälligkeit, Knochenstoffwechselstörungen sowie Hörausfall, Hautläsionen und Nervschädigungen führen. Bei Hunden im Wachstum führt ein Vitamin A-Mangel schneller zu solchen Ausfällen und verursacht zudem noch Wachstumsstörungen, Knochenentwicklungsstörungen sowie schlechte Futteraufnahme. Bei trächtigen Hündinnen kann eine Unterversorgung Missbildungen oder Schwäche der Welpen und Totgeburten zur Folge haben.

Vitamin A Überdosierung
Da Vitamin A ein fettlösliches Vitamin ist, wird es bei einer Überversorgung nicht ausgeschieden, sondern im Körper gespeichert. Allerdings liegt die Grenze der Vitamin-A-Toleranz bei Hunden wegen der besonderen Bindungsform im Blut wesentlich höher als bei anderen Spezies. Symptome einer Vitamin-A-Hypervitaminose sind u. a. Appetitlosigkeit, Gelenkschmerzen, geringe Gewichtszunahme, Störungen in der Entwicklung der langen Knochen, Läsionen der Arterien und des Herzens, Abbau der Knochensubstanz und Missbildungen bzw. Gaumenspalten bei ungeborenen Welpen. Eine Hypervitaminose mit Vitamin A kann nur bei der Zufuhr von aktivem Vitamin A auftreten. Carotinoide werden bei ihrer Umwandlung zu Retinol reguliert und dem Bedarf des Körpers angepasst.

Vitamin A und Beta-Carotin in Lebensmitteln
Vitamin A kommt ausschließlich in tierischen Lebensmitteln vor. Leber und Lebertran sind besonders reich an Vitamin A, aber auch Eier, Milch und Käse sind gute Quellen.
Beta-Carotin findet man in pflanzlichen Lebensmitteln, vor allem in Süßkartoffeln, Karotten, Spinat, Pfirsichen, Löwenzahn, Alfalfa, Petersilie, Brennesseln, Kresse, Brokkoli, Amaranth, Chicoree und Kohl.

Vitamin B

Die B-Komplex -Vitamine sind wasserlösliche Vitamine, die zusammengruppiert worden sind, weil sie alle ähnliche metabolische Funktionen und Vorkommen in Lebensmitteln haben. Sie werden nicht oder nur geringfügig im Köper gespeichert und müssen deswegen regelmäßig durch die Nahrung oder durch zusätzliche Mittel ergänzt werden. Diese Vitamine sind in ihrer Funktion als Coenzyme am Energiestoffwechsel und der Gewebesynthese beteiligt. Coenzyme sind Substanzen, die an Enzymreaktionen beteiligt sind. Viele Coenzyme enthalten als Bestandteil ihrer Struktur Vitamine, ohne die die Coenzyme wiederum nicht richtig „arbeiten" können. Da sie zusammenwirken, sind die Vitamine der B-Gruppe effektiver, wenn sie kombiniert (B-Komplex) statt einzeln genommen werden.

Vitamin B1 (Thiamin)
Spielt eine wichtige Rolle im Kohlenhydratstoffwechsel. Hilft bei der Verdauung, der Produktion von Salzsäure im Magen und der Darmperistaltik. Sorgt für normale Funktion des Nervensystems, der Muskeln und des Herzens. Der Bedarf ist erhöht bei Hunden mit Schilddrüsenunterfunktion, laktierenden Hündinnen und bei Hunden im Wachstum. Hilft außerdem bei Reisekrankheit und bei der Behandlung von Herpesvirus bei Welpen. Äußerst hitzeempfindlich! Bis zu 74 % des Thiamins wird durch Erhitzen zerstört.
Mangelerscheinungen: Koprophagie, Appetitlosigkeit, Störungen des Zentralnervensystems, Muskelschwäche, Herzvergrößerung, Nervenerkrankungen
Quellen: Mageres Schweinefleisch, Rindfleisch, Leber, Weizenkleie, Vollkornerzeugnisse, Erdnüsse, Gemüse, Milch, Eigelb, Fisch
Bedarf: 20 Mikrogramm/kg Körpergewicht/Tag oder 270 Mikrogramm/1.000 kcal ME

Vitamin B2 (Riboflavin)
Riboflavin ist ein Bestandteil zweier Coenzyme und übernimmt wichtige Funktionen im Kohlenhydrat-, Fett- und Proteinstoffwechsel. Wichtig für Wachstum und Fortpflanzung, gesunde Haut, Haarkleid, Krallen und Sehvermögen. Hilft bei der Heilung von Hautläsionen. Wird sehr leicht durch Lichteinwirkung zerstört.
Mangelerscheinungen: Läsionen der Lefzen, gespaltene Krallen, Gewichtsverslust, schlechte Muskulatur, trockene, schuppige Haut, vermehrtes Haaren, fettiges Haar, Koprophagie, Krämpfe der Hinterhand, rote, juckende Augen
Quellen: Leber, Niere, grünes Blattgemüse, Eier, Fisch, Joghurt
Bedarf: 50 Mikrogramm/kg Körpergewicht/Tag

Vitamin B3 (Niacin, Nicotinsäure, Niacinamid, Nicotinsäureamid)
Hilft beim Fettstoffwechsel, fördert ein gesundes Verdauungssystem, lindert Störungen von Magen und Darm. Wichtig für gesunde Haut. Spielt eine wichtige Rolle in der Glykolyse. Glykolyse ist ein Sammelbegriff für eine Reihe enzymatischer Reaktionen, in denen Glukose in kleinere Fragmente gespalten wird. Der Körper kann selbst Niacin bilden

mit Hilfe der Aminosäure Tryptophan, vorausgesetzt es werden genügend hochwertige tierische Eiweiße in der Nahrung zugeführt. Sehr wichtig für die Synthese der Sexualhormone, ebenso wie für Cortison, Thyroxin und Insulin. Fördert den Kreislauf, reduziert Cholesterin, notwendig für ein gesundes Nervensystem und für gesunde Hirnfunktionen. Getreideprodukte beinhalten viel Niacin, aber es ist gebunden und deswegen für den Hund nicht verwertbar. Niacin ist sehr hitzebeständig.

Mangelerscheinungen: Anämie, vermehrter Speichelfluss, Unterzucker, Dermatitis, Durchfall, Demenz und bei extremem Mangel Tod. Gleichzeitig besteht zugleich ein B1-, B6- und Folsäure-Mangel. Erste Anzeichen sind Hautveränderungen, Durchfall und Appetitlosigkeit. Beim Hund auch „black tongue disease"

Quellen: Fisch, mageres Fleisch, Bierhefe, Leber, Milch, Weizenkeime, Eier, weißes Geflügelfleisch

Bedarf: 225 Mikrogramm/kg Körpergewicht/Tag

Vitamin B5 (Pantothensäure, Panthenol, Calciumpantothenat)

Bekämpft Infektionen durch die Bildung von Antikörpern. Verringert die nachteiligen und giftigen Wirkungen vieler Antibiotika. Hilft bei der Wundheilung, beim Zellaufbau, bei Erschöpfungszuständen, sorgt für normales Wachstum und für die Entwicklung des zentralen Nervensystems und die normale Funktion der Nebennieren. Wichtig für die Umwandlung von Fett und Zucker in Energie. Notwendig für die Synthese von Antikörpern, für die Verwertung von PABS (Paraaminobenzoesäure) und Cholin.

Mangelerscheinungen: Unwahrscheinlich. Frühzeitiges Ergrauen, Gastritis, Haarausfall, niedriger Blutzucker, Addisons, verminderte Antikörperbildung, Verschlechterung allergischer Symptome

Quellen: Fleisch, Niere, Leber, Herz, Getreidekörner, Weizenkeime, Kleie, grüne Gemüsesorten, Bierhefe, Nüsse, Hühnerfleisch

Bedarf: 200 Mikrogramm/kg Körpergewicht/Tag

Vitamin B6 (Pyridoxin)

Hilft bei der Absorption und Umwandlung vieler Aminosäuren. Wichtig für Eiweiß- und Fettaufnahme. Erforderlich für die Produktion von Salzsäure und Magnesium. Hilft bei der Umwandlung von Tryptophan in Niacin. Fördert die richtige Synthese der Nukleinsäure Taurin und L-Carnitin. Muss für die Produktion von Antikörpern und roten Blutkörperchen vorhanden sein. Notwendig für die richtige Aufnahme von Vitamin B12. Der Bedarf steigt bei einer Ernährung mit überhöhtem Eiweißanteil sowie bei Eiweißmangel.

Mangelerscheinungen: Unwahrscheinlich. Wachstumsstörungen, Anorexie, Herzerkrankungen, Anämie, hohe Serum Eisenwerte

Quellen: Leber, Fisch, Eier, Hafer, Erdnüsse, Bierhefe, Weizenkleie, Weizenkeime, Reis

Bedarf: 22 Mikrogramm/kg Körpergewicht/Tag (AAFCO empfiehlt 1mg/kg Nahrung)

Vitamin B12 (Cobalamin)

Als einziges von den wasserlöslichen Vitaminen kann es im Körper gespeichert werden und enthält als einziges Vitamin Spuren von essentiellen Mineralstoffen (Cobalt). Wird durch den Magen nur mit Hilfe von Salzsäure aufgenommen und braucht Calcium, um vom Körper richtig verwertet zu werden. Hilft Fette, Kohlenhydrate und Eiweiß richtig zu verwerten. Bildet und regeneriert rote Blutkörperchen, beugt Anämie vor. Steigert Wachstum und Appetit. Erhält ein gesundes Nervensystem. Mildert Reizbarkeit und steigert die Energie. Lichtempfindlich aber wenig hitzeempfindlich.

Mangelerscheinungen: Unwahrscheinlich. Anämie, Müdigkeit, neurologische Störungen
Quellen: Leber, Innereien, alle Fleischsorten, Milch, Käse, Hefe
Bedarf: 0,5 Mikrogramm/kg Körpergewicht/Tag

Vitamin B13 (Orotsäure)
Sorgt für die Verwertung von Folsäure und Vitamin B12. Hilft im zellinternen Zellstoffwechsel, essentiell für DNS-Stoffwechsel, regeneriert geschädigte Leberzellen, verhindert die Bildung von Krebsgeschwülsten, entwickelt krebshemmende Substanzen, ist Schlepper für Magnesium, steigert die Blutzellbildung im Knochenmark.

Mangelerscheinungen: Müdigkeit, Arterienverkalkung
Quellen: vor allem Milchprodukte, Leber, Wurzelgemüse
Bedarf: nicht bekannt

Vitamin B15 (Pangamsäure, Dimethylglycyl, DMG)
Pangamsäure regt den Sauerstoffumsatz in den Gewebezellen an, verbessert die Sauerstoffversorgung vor allem bei erhöhter Muskeltätigkeit und vermindert Müdigkeitserscheinungen. Unterstützt den Leberstoffwechsel. Antioxidative Wirkung.

Mangelerscheinungen: nicht bekannt
Quellen: Bierhefe, unpolierter Reis, Vollkorn, Kürbiskerne, Sesamsamen
Bedarf: nicht bekannt

Vitamin B17 (Amygdalin, Laetril)
Amygdalin ist eigentlich kein Vitamin sondern eine Verbindung aus zwei Zuckermolekülen; Benzaldehyd und Cyanid. Es soll krebshemmende Eigenschaften besitzen.

Mangelerscheinungen: nicht bekannt
Quellen: vor allem Aprikosenkerne, aber auch Kirsch-, Nektarinen-, Pfirsich-, Pflaumen- und Apfelsamen bzw. -kerne
Bedarf: nicht bekannt

Cholin
Wirkt zusammen mit Inosit bei der Verwertung von Fetten und Cholesterin. Entgiftend und leberstoffwechselunterstützend. Die Cholin-Verwertung des Körpers ist abhängig von

Vitamin B12, Folsäure und der Aminosäure L-Carnithin.
Mangelerscheinungen: Arterienverhärtung, möglicherweise Leberverfettung
Quellen: Eigelb, Innereien, grünes Blattgemüse, Hefe, Vollkornprodukte
Bedarf: 25 Milligramm/kg Körpergewicht/Tag

Folsäure (Folacin, Folat)
Ist für Wachstum, Zellteilung sowie Produktion von DNS und RNS wichtig. Steigert den Milchfluss bei stillenden Müttern. Schützt gegen Darmparasiten und vor Lebensmittelvergiftungen. Beugt Anämie vor. Wichtig für den Aufbau der roten Blutkörperchen. Hilft beim Eiweißstoffwechsel. Notwendig für die Verwertung von Zucker und Aminosäuren.
Mangelerscheinungen: Anämie, Anorexie, Gewichtsverlust, geschwollene Zunge
Quellen: Leber, Niere, Spinat, Spargel, Karotten, Eigelb, Kürbis, Avocado, Bohnen, dunkelgrünes Blattgemüse
Bedarf: 4 Mikrogramm/kg Körpergewicht/Tag

Biotin (Coenzym R oder Vitamin H)
Lindert Muskelschmerzen, Ekzeme und Hautausschlag. Wichtig für die Synthese von Fetten, Proteinen und Vitamin C. Wichtig für den normalen Fett- und Eiweißstoffwechsel und die Synthese von nicht essentiellen Aminosäuren und Purinen. Avidin (in rohem Eiweiß) verhindert die Aufnahme durch den Körper. Wirkt zusammen mit den Vitaminen B2, B6, Niacin und A und trägt zur Erhaltung einer gesunden Haut bei.
Mangelerscheinungen: Hauterkrankungen (Dermatitis), Hyperkeratose, Anorexie, Anämie, vermehrter Speichelfluss, blutiger Durchfall
Quellen: Leber, Niere, Alfalfa, Eigelb, Bierhefe, Milch, Reis, Nüsse, Haferflocken.
Bedarf: unbekannt

Inosit
Wichtig für den Transport der Fette. Verbindet sich mit Cholin, um Lecithin zu bilden. Senkt den Cholesterinspiegel, fördert Haarwachstum. Hilft bei der Vorbeugung gegen Ekzeme. Hilft bei der Verteilung von Körperfett. Hat beruhigende Wirkung.
Mangelerscheinungen: Ekzeme
Quellen: Innereien, Bierhefe, Rosinen, Weizenkeime, Erdnüsse, Kohl, Eier, Milch
Bedarf: unbekannt

PABS (Paraaminobenzoesäure)
Lindert Schmerzen bei Verbrennungen. Erhält die Haut gesund und weich. Hilft bei der Bildung von Folsäure und ist wichtig für die Verwertung von Eiweiß. Begünstigt die Aufnahme - und damit die Wirksamkeit - von Pantothensäure.
Mangelerscheinungen: Ekzeme
Quellen: Leber, Niere, Bierhefe, Reis, Kleie, Weizenkeime, schwarze Melasse, Milch
Bedarf: unbekannt

Vitamin C

Vitamin C oder Ascorbinsäure ist ein wasserlösliches Vitamin, welches von den meisten Lebewesen selbst hergestellt wird; Ausnahmen sind Menschen, Affen, Meerschweinchen, Forellen, Obst-fressende Fledermäuse, Coho Lachs und einige Vogelarten.

Auch Hunde synthetisieren Vitamin C in der Leber aus Glucose, allerdings sehr wenig im Vergleich zu anderen Tieren. Eine Maus, z. B. produziert 275 mg/kg Körpergewicht/Tag, der Hund 40 mg/kg Körpergewicht/Tag. Die Konzentration der Ascorbinsäure in Hundemilch ist viermal so hoch wie die des Blutes. Ascorbinsäure hat viele wichtige Funktionen im Körper; sie ist der wichtigste wasserlösliche Antioxidansfaktor im Körper, sie schützt Folsäure und Vitamin E vor Oxidationsprozessen, wandelt Kupfer zu einer Form um, in der es als Bestandteil von vielen Enzymsystemen gebraucht wird, und ist nötig für den Cholesterinabbau. Des weiteren ist Ascorbinsäure unersetzlich in der Synthese von Kollagen; ein Ascorbinsäuremangel lässt schwaches Bindegewebe in Gelenken, Muskeln, Knochen und Haut entstehen. Mit Niacin und Vitamin B6 ist Vitamin C notwendig zur Produktion von Carnitin. Die Eisenresorption wird begünstigt und der Histaminspiegel kontrolliert mit Hilfe von Ascorbinsäure. Ascorbinsäure hilft auch bei Wundheilung, Erholung von Stress, stärkt die Immunfunktion, hilft bei Entzündungen und eventuell auch bei Krebserkrankungen.

Bei gesunden Hunden wurde wissenschaftlich noch kein Vitamin C Mangel beobachtet, aber einige mögliche Symptome eines Mangels sind schlechte Wundheilung, Krankheitsanfälligkeit, Anämie, Blutungen und Zahnfleischerkrankungen. Eine Überdosierung ist nicht bekannt.

Trotz der Tatsache, dass Hunde ihren Bedarf an Vitamin C selbst decken können, gibt es einige interessante Studien und Theorien, die zeigen, dass eine Ascorbinsäurenergänzung sinnvoll wenn nicht sogar notwendig sein könnte. Bei Schlittenhunden wird oft ein Vitamin C-Mangel des Blutplasmas während der Rennsaison beobachtet. Ascorbinsäure ist wichtig für die Synthese von Carnitin, das wiederum in den Fettstoffwechsel involviert ist. Der abfallende Carnitin Spiegel im Muskel und die entsprechende Muskelschwäche ist eines der ersten Anzeichen von Skorbut. Die Oxidation der Fettsäuren wird verstärkt durch Training und eine Diät mit einem hohen Fettgehalt, deswegen ist es wahrscheinlich, dass Schlittenhunde einen außerordentlich hohen Bedarf an Carnitin und dementsprechend Vitamin C haben. In der Antarktis wurde Skorbut bei Schlittenhunden beobachtet, die überwiegend mit gefrorenem Fleisch ernährt worden sind. Diese Symptome verschwanden nach einer Futterumstellung auf frisches Fleisch.

Eine Feldstudie, durchgeführt von dem Tierarzt Dr. Wendell O. Belfield, sollte beweisen, dass extrem hochdosiertes Vitamin C die Entwicklung von Hüftgelenksdysplasie zu 100 % verhindere. Dr. Belfield nahm acht Verpaarungen Deutscher Schäferhunde vor, die entweder selber HD hatten, oder es bereits vererbt hatten. Die Muttertiere bekamen ab Decktag eine von ihm entwickelte und vermarktete Vitamin- und Mineralmischung aus

Natriumascorbat, Kollagen und anderen zur Kollagenbildung essentiellen Nährstoffen (Mega C drops). Diese Mischung bekamen dann die Welpen nach der Geburt bis hin zur Entwöhnung, danach bekamen sie eine ähnliche Mischung (Mega C Plus) bis zum zweiten Lebensjahr. 100 % der Nachkommen aus diesen acht Verpaarungen waren mit 24 Monaten HD frei. Leider blieb dieses Resultat bis heute nicht reproduzierbar.

Des weiteren gibt es einige Studien, die auf einen Zusammenhang vom Vitamin C-Mangel und HOD deuten, in dem die erkrankten Hunde gut auf eine Vitamin C-Behandlung ansprechen. Eine unbehandelte Kontrollgruppe hat hier allerdings gefehlt, was leider dazu führte, dass diese Ergebnisse nicht weiter erforscht worden sind, weil sie als „unbewiesen" galten. Dasselbe Manko hatten Studien, in denen Staupe und Zwingerhusten verhindert sein sollten bzw. der Krankheitsverlauf gemildert sein sollte durch hochdosiertes Vitamin C.

Eine neuere Studie über die Behandlung von Parvovirus mit hochdosiertem intravenös verabreichten Vitamin C konnte noch nicht durch Kontrollgruppen bestätigt werden, zeigte aber vielversprechende Ergebnisse. Einige Studien zeigten deutlich, dass Welpen, die mit „Vitamincocktails" vorbehandelt worden waren, eine deutlich bessere Immunantwort nach einer Impfung zeigten als die unbehandelte Kontrollgruppe.

Weitere Studien und Praxis-Erfahrungen bzw. „anekdotische" Berichte von Tiermedizinern, Hundezüchtern und -haltern zeigen, dass Vitamin C auch bei entzündlichen Prozessen wie z. B. Arthritis Linderung bringt. Heutzutage empfehlen Ernährungswissenschaftler oft eine zusätzliche Gabe von Ascorbinsäure bei Hunden mit Virusinfektionen, bei Arthrosen, nach Operationen, unter extremen Stresszuständen, bei der Laktation, bei sportlichen Hochleistungen und bei Wachstumsstörungen.

Aus meinen Erfahrungen kann ich die positive Wirkungsweise bei entzündlichen Prozessen sowie bei Infektionen oder Wachstumsstörungen nur bestätigen. Eine Behandlung mit hochdosiertem Vitamin C über kurze Zeit zeigt in den meisten Fällen eine rasche Wirkung. Danach ist es ratsam, zusätzliches Vitamin C zu verabreichen in Form von Vitamin C-reichen Lebensmitteln, wie z. B. Hagebutten oder Acerola. Die Dosierungsratschläge sind sehr unterschiedlich und hängen oft von dem Individuum ab. Am besten ist es mit 1000mg/ Tag zu beginnen, die Dosierung dann über einige Tage bis auf 4-5000mg zu heben bzw. so hoch zu dosieren, bis der Hund einen weichen Stuhlgang bekommt, welches ein Zeichen der Überdosierung ist. Diese Maximal-Dosierung dann über 2 Wochen halten und dann langsam wieder ausschleichen bzw. auf einen Erhaltungslevel bringen (100-500mg/Tag). Wegen der möglichen magenreizenden Wirkung von Ascorbinsäure ist es empfehlenswert, Calciumascorbat (Ester C) oder Natriumascorbat zu nutzen, da diese Formen nicht zu Magenreizungen führen. Für den täglichen Bedarf ist es besser, Vitamin C in seiner natürlichen Form zu füttern, also in Form von Lebensmitteln.

Vitamin C-reich sind: Hagebutten, Acerola, wilde Erdbeeren (Blätter), Petersilie, Kresse, Paprika, Brunnenkresse, Brennesseln, Broccoli, Alfalfa, Sellerie, Karotten und natürlich Zitrusfrüchte, wobei auch sie den Magen reizen können.

Vitamin D (Calciferol)

Die beiden D-Vitamine, D2 (Ergocalciferol) und D3 (Cholecalciferol) sind eigentlich Vorstufen von Hormonen, die an der Regulierung des Calcium- und Phosphat-Stoffwechsels beim Hund teilnehmen und deshalb wichtig für Knochenwachstum und -erhaltung sind. Wegen der regulierenden Funktionen, die Vitamin D im Körper ausübt, besteht eine Kontroverse, ob nun Vitamin D zu den Vitaminen oder zu den Hormonen gehört.

Provitamin D2 wird von Pflanzen synthetisiert, wenn Ergosterol mit UV-Licht bestrahlt wird. Dieses findet offenbar nur in geerntetem oder beschädigtem Pflanzengewebe statt und ist deswegen nur relevant für Pflanzenfresser, die sonnengetrocknete oder bestrahlte pflanzliche Nahrungsmittel zu sich nehmen.

Provitamin D3 wird von Allesfressern und Fleischfressern hergestellt, wenn 7-Dehydrocholesterin, eine Verbindung, die in der Haut von Tieren vorkommt, durch UV-Licht bestrahlt wird. Es scheint unklar zu sein, ob diese Umwandlung in der Haut auch beim Hund statt findet. Laut Zentek/Meyer findet diese Umwandlung nicht statt, sie liefern aber keine Quelle für diese Information. Die restliche Fachliteratur beschreibt diese Umwandlung auch beim Hund. Generell wird Vitamin D3 entweder durch das Fressen von Cholecalciferol-haltigen Lebensmitteln aufgenommen oder vom Körper selbst synthetisiert.

Egal ob das Vitamin D3 nun aufgenommen/synthetisiert wird, es wird erstmal in der inaktiven Form von Cholecalciferol in der Leber, im Muskelgewebe oder im Fettgewebe gespeichert und muss erst aktiviert werden. Die Aktivierung erfolgt in zwei Schritten. Der erste Schritt findet in der Leber statt, der zweite in den Nieren.

Vitamin D ist notwendig für die Aufnahme von Calcium und Phosphor und damit für ein stabiles und belastbares Skelett und gesunde Zähne. Es greift regulierend in den Calciumhaushalt und den Phosphatstoffwechsel ein und ist an der Regulierung des Calciumgehalts im Blutplasma beteiligt, indem es dafür sorgt, dass Calcium sowohl aus den Knochen freigesetzt wie auch im Darm vermehrt aufgenommen wird. Die Aufrechterhaltung des Calciumgehalts im Blutplasma ist für die Funktionsfähigkeit des Nervensystems und für das Wachstum und den Erhalt der Knochen wichtig. Vitamin D3 vermindert außerdem die Ausschüttung von Parathormon, dessen Hauptaufgabe die Erhöhung der Calcium-Konzentration im Blutplasma ist.

Bedarf an Vitamin D
Der Vitamin D-Bedarf hängt stark von den Calcium- und Phosphor-Konzentrationen sowie dem Verhältnis beider Mineralien in der Nahrung ab. Auch der Entwicklungszustand (Wachstum, Alter) spielt eine wichtige Rolle.
Bei Ca:P-Verhältnis von 1,2:1 werden 8-10 I.E./kg Körpergewicht/Tag beim erwachsenen Hund ausreichen; bei wachsenden Junghunden bis zu 22 I.E./kg Körpergewicht/Tag.

Mangelerscheinungen

Ein Mangel an Vitamin D kann zu Rachitis bei Welpen und Osteoporose bei erwachsenen Hunden führen, tritt allerdings nur dann auf, wenn der Hund gleichzeitig zu wenig Sonnenlicht ausgesetzt wird und kaum Vitamin D in der Nahrung bekommt. Ein Vitamin D-Mangel lässt sich durch Einwirkung von Sonnenlicht vermeiden bzw. heilen.

Überdosierung

Durch eine Überdosierung von Vitamin D wird eine Anhebung der Calciumkonzentration im Blut ausgelöst; eine Hyperkalzämie, die dauerhafte Ablagerungen von Mineralstoffen in Herz, Lunge und Nieren und Wachstumsverzögerungen und gestörte Gebissentwicklung verursachen oder zu schweren Organstörungen führen kann.

Symptome einer Hyperkalzämie sind u. a. Herzrhythmusstörungen, häufiges Urinieren, vermehrte Wasseraufnahme, Übelkeit und Erbrechen, Nierensteine und Nierenverkalkung. Bereits eine moderate Vitamin D-Ergänzung kann zu krankhaften Erscheinungen führen, wenn die Nahrung calciumarm ist!

Zu einer Vitamin D-Überdosierung kann es weder durch zu langen Aufenthalt in der Sonne noch durch Aufnahme Vitamin-D-haltiger Nahrungsmittel kommen. Nur durch Einnahme von synthetischem Vitamin D ist eine Überdosierung möglich.

Obwohl Vitamin D fettlöslich ist, kann der Körper nicht viel davon speichern.
Vitamin D wird durch Lagerung und Zubereitung von Lebensmitteln in seiner Aktivität nicht beeinflusst. Es ist bis 180 °C hitzestabil.

Viel Vitamin D enthalten: Fisch, Eier, Leber, Lebertran, Käse, Milch, Butter, tierisches Gewebe

Vitamin E

Tocopherole sind eine Gruppe von fettlöslichen Vitaminen, die unter dem Namen Vitamin E zusammengefasst werden und hauptsächlich als Antioxidantien wirken. Es gibt acht Tocopherole: Alpha, Beta, Gamma, Delta, Epsilon, Zeta, Eta und Theta. Alpha-Tocopherol ist das wirksamste bzw. das Tocopherol mit der höchsten Aktivität. Natürliche Tocopherole werden, zumindest im menschlichen Körper, doppelt so gut aufgenommen wie synthetische Tocopherole. Synthetische Tocopherole werden mit „DL" gekennzeichnet, im Gegensatz zu natürlichen Tocopherolen, die mit „D" gekennzeichnet werden, z. B. D-Alpha-Tocopherol.

Tocopherole werden nur von Pflanzen gebildet, kommen aber als fettlösliches Vitamin in allen Zellmembranen vor, so dass sie auch in tierischen Fetten vorhanden sind. Vitamin E wird hauptsächlich in der Leber gespeichert, aber auch im Fettgewebe, im Herz, in den Muskeln, Hoden, der Gebärmutter, dem Blut und den Nebennieren. Tocopherole wirken als Schutzsystem vor aggressiven Verbindungen (Radikale). In der Zellmembran eingelagertes Vitamin E schützt als Antioxidans mehrfach ungesättigte Fettsäuren vor der Zerstörung durch freie Radikale.

Die Peroxidation der Körperlipide (Fette) kann die strukturelle Integrität der Zellen zerstören und die normalen Zellfunktionen somit hindern.

Darüber hinaus verhindert Vitamin E die Oxidation von Vitamin A und schwefelhaltigen Aminosäuren und hat eine wichtige Interaktion mit dem Spurenelement Selen. Selen spielt eine bedeutende Rolle beim Abbau der Peroxide, die während des Prozesses der Oxidation entstehen. Da Vitamin E die Oxidation der Zellmembran-Fette verhindert, wird das Selen geschont, weil weniger Peroxide überhaupt erst entstehen und somit weniger Selen zu ihrem Abbau benötigt wird.

Vitamin E spielt auch eine wichtige Rolle bei der Herstellung von Prostaglandinen, die wiederum für den Blutdruck, die Muskelkontraktion und die Funktion der Geschlechtsorgane unentbehrlich sind. Interessant: Der Begriff Tocopherol stammt von einem griechischen Wort ab, das soviel wie „gebären" bedeutet.

Zusammengefasst ist Vitamin E wichtig für den Erhalt des Zellkerns, und in seiner Funktion als Antioxidans, sorgt für einen gesunden Blutkreislauf und hilft Herzerkrankungen zu verhindern, stärkt das Immunsystem, hält Bindegewebe elastisch, hält die Haut gesund und hilft bei Wundheilung, ist wichtig für die Geschlechtsorgane und fungiert als natürlicher Konservierungsstoff.

Die Aufnahme von Vitamin E ist an die der Fette gekoppelt und die Absorptionsrate ist dosisabhängig und liegt zwischen 3 –50 %. Erhöht wird sie durch mittelkettige Fettsäuren, vermindert durch mehrfach ungesättigte Fettsäuren und oxidierte Fette.

Der Bedarf richtet sich nach verschiedenen Lebenssituationen und ist vor allem abhängig von der Menge ungesättigter Fettsäuren, die mit der Nahrung zugeführt werden.

Generell wird der Bedarf im Erhaltungsstoffwechsel mit 0,67 IE/kg Körpermasse angegeben (bei synthetischen Tocopherolen etwas mehr – 1 IE/kg KM) und bis zur zweifachen Menge im Wachstum und bei Trächtigkeit. Auch Rüden, die häufig in der Zucht eingesetzt werden, haben einen höheren Bedarf. Bei der regelmäßigen Gabe von Fischölen, insbesondere Vitamin A-reiche Fischöle wie Lebertran, sollte die Vitamin E-Zufuhr bis auf 10 IE/g Fischöl erhöht werden.

Vitamin E ist relativ hitzebeständig, verliert aber durch Einfrieren mit der Zeit an Aktivität. Einen hohen Gehalt an Vitamin E weisen Pflanzenöle auf, aber der Bedarf an Vitamin E steigt durch den hohen Anteil an ungesättigten Fettsäuren.

Mangelerscheinungen

Ein Mangel kann durch die gleichzeitige Gabe von Eisen entstehen oder durch eine Überversorgung mit Vitamin A. Symptome eines Vitamin E-Mangels sind unter anderem: Muskelschwäche, Gewichtsverlust, Dermatose, Immunschwäche, Blutstörungen, erhöhte Unfruchtbarkeit und PRA.

Überdosierung

Eine Überdosierung ist bislang nicht wissenschaftlich festgestellt worden, aber es wird vermutet, dass eine starke Überdosierung die Funktionen von Vitamin K stören und auch Anorexie verursachen könnte.

Quellen

Besonders reich an Vitamin E sind DHN Vita-Derm-Öl, Sonnenblumenkernöl, Weizenkeimöl, Walnüsse, Weizenkeime, Erdnüsse, Olivenöl, Broccoli, Spinat, Spargel, Löwenzahnblatt, Hafer, Äpfel, Grünkohl, Schwarzwurzeln und Paprika.

Hinweis:
Da Vitamin E blutverdünnende Eigenschaften hat, sollte man vor einer Operation nicht zuviel zusätzliches Vitamin E der Nahrung zuführen. Nach einer Operation ist Vitamin E wiederum hilfreich bei der Wundheilung.

Vitamin K

Vitamin K gibt es in zwei natürlichen Formen, Vitamin K1 oder Phyllochinon und Vitamin K2 oder Menachinon. Es gibt außerdem noch einige synthetische Formen, insbesondere Vitamin K3 oder Menadion. Vitamin K3 ist nachweislich gesundheitsschädlich und in Nahrungsmitteln für den Humanbereich seit 1989 verboten. Dennoch findet man noch heute Fertigfutterprodukte für Hunde mit Zusatz von Vitamin K3, da es im Veterinärbereich noch als Zusatzstoff eingesetzt werden darf. Auf Vitamin K3 werde ich an dieser Stelle nicht weiter eingehen, da es in der artgerechten Ernährung mit BARF nicht vorkommt.

Vitamin K1 und K2 sind fettlösliche Vitamine und haben im Körper viele wichtige Funktionen. Am bekanntesten ist Vitamin K für die Regulierung der Blutgerinnung durch die Produktion von Prothombin. Vitamin K spielt außerdem eine große Rolle in der Regulierung des Calciumstoffwechsels, indem es das Eiweiß Osteocalcin, welches Calcium in die Knochen einschleust, aktiviert. Ohne die Aktivierung durch Vitamin K kann dies nicht geschehen. Eine weitere wichtige Rolle spielt Vitamin K beim Erhalt der Darmflora, der Stärkung des Immunsytems, der Erhaltung gleichbleibender Fließeigenschaften des Blutes, der Verhinderung von Thrombozyten-Aggregation, der Entspannung der Muskulatur, der Enzymaktivität, der Sicherung der Leber- und Nierenfunktion, der Regulation anderer Vitamine, der Beeinflussung von Antibiotikawirkung und der Neutralisation bestimmter Schimmelpilzgifte.[*]

Vitamin K1 wird mit der Nahrung aufgenommen, Vitamin K2 wird im Darm mit Hilfe von Bakterien synthetisiert. Die Haupt-Aufnahmeorte sind Leber, Muskeln und Haut.

Quellen: Vitamin K ist überwiegend in grünem Blattgemüse wie Spinat, verschiedenen Kohlsorten und Heilpflanzen sowie in Meeresalgen enthalten. Tierische Quellen sind Leber, Eigelb und Fischmehle. In den meisten Fleischsorten sind kleine Mengen Vitamin K1 enthalten.

Bedarf: Keinen bei ausreichender Fütterung von grünem Blattgemüse. Nach Antibiotikakur, Operationen, schweren Erkrankungen, Herzerkrankungen oder bei Skeletterkrankungen ist es sinnvoll, extra Vitamin K1 zu verabreichen. Dosierung: 0,5-1 Tropfen/kg KM Eine Überdosierung ist nicht bekannt.

Beinwell - Symphytum officinale

* Herbert Schulz

Mineralien

Calcium

Calcium ist das Mineral, das Hundebesitzer am meisten beschäftigt. Vermutlich ist das so, weil Hunde zunehmend an Skeletterkrankungen leiden, die zum Teil durch einen zu hohen Anteil an Calcium und Vitamin D in Fertigfutterprodukten in früheren Jahren entstanden sind. Heutzutage sind jedoch die Zusammensetzungen der meisten Fertigfutterprodukte nach neueren wissenschaftlichen Erkenntnissen, zumindest in Bezug auf Vitamine und Mineralien, korrigiert worden. Geblieben ist eine regelrechte Besessenheit mit den Themen Calcium und Ca:P-Verhältnis.

Calcium hat viele wichtige Funktionen im Körper; es bildet die Knochen und Zähne, hilft die Muskeln zu kontrahieren, hilft das Blut zu gerinnen und ist an der Nerven- und Herzfunktion sowie enzymatischen und hormonellen Prozessen beteiligt.

Die Aufnahme von Calcium aus der Nahrung hängt von verschiedenen Faktoren ab wie dem Alter des Hundes und welche Nährstoffe er gleichzeitig zu sich nimmt. Der Hund kann zwischen 10-90 % des gefütterten Calciums verwerten. Vitamin D erhöht die Absorption von Calcium, Fett auch, wobei zuviel Fett wiederum die Absorption drosselt.

Mangelerscheinungen: Gewichtsabnahme, Muskelabbau, Krämpfe, Zahnausfall, Knochendemineralisierung, langsameres Wachstum, Rachitis, Malabsorption anderer Mineralien

Überdosierung: Nierenerkrankungen, Lahmheit bis Gelenksfehlbildungen, Schilddrüsenunterfunktion, Magnesiummangel, Verdauungsstörungen

Bedarf: Siehe Seite 68

Quellen: Knochen, Eierschalen, grünes Blattgemüse, Knochenmehl, Milchprodukte

Chrom

Chrom hilft den Blutzucker zu regulieren, unterstützt die Nebennierenrindenfunktion, hilft bei Stressreaktionen des Körpers und schützt gegen Herzerkrankungen.

Mangelerscheinungen: erhöhte Cholesterin- und Triglyzeridwerte, Glucoseintoleranz.

Überdosierung: Hautprobleme, Atemwegsprobleme

Quellen: Fleisch, Gemüse, Obst

Cobalt

Eine wichtige Komponente des Vitamins B 12.
In Fleisch und Innereien enthalten

Eisen

Hilft rote Blutkörperchen zu bilden, stärkt das Immunsystem, bildet Myoglobin, fungiert als Co-Faktor bei einigen enzymatischen Prozessen.

Mangelerscheinungen: Rotfärbung des Fells bei hellen Rassen, Anämie, Wachstumsrückstand, Lethargie, struppiges Fell

Überdosierung: Gewichtsabnahme, Lebererkrankungen, Eisenablagerung im Gewebe
Quellen: Eier, Innereien, Fleisch, Gemüse, Soja, Weizenkleie, rote Beete, Spinat

Jod

Wichtig für die Schilddrüsenfunktion, steuert den Stoffwechsel und reguliert den Energiehaushalt.

Mangelerscheinungen: Kropf, Haarausfall, Schilddrüsenunterfunktion, Skeletterkrankungen, Fruchtbarkeitsstörungen, Lethargie, Hautprobleme
Überdosierung: Appetitverlust, Immunschwäche, Lethargie, Fieber, struppiges Fell
Quellen: Meeresalgen, Fisch, Milch, Eier, Geflügel

Kalium

Ein Elektrolyt, das bei vielen enzymatischen Prozessen beteiligt ist, unterstützt die Herzfunktion und Muskelkontraktion, reguliert den Blutdruck und den Säure-Basen-Haushalt.

Mangelerscheinungen: durch Durchfall oder Diuretikagabe - Gewichtsabnahme, Haarausfall, Schwäche, Lethargie, Muskelabbau, Herz- und Nierenläsionen
Überdosierung: selten, kommt nur vor, wenn der Hund nicht ausreichend Urin ablässt
Quellen: Milch, Fleisch, Joghurt, Obst, Weizenkleie

Kupfer

Notwendig für die Aufnahme und den Transport von Eisen im Körper, hilft bei der Melaninproduktion, beteiligt an der Myelinisierung der Nerven, herzfunktionsunterstützend, hilft bei der roten Blutkörperbildung, unterstützt die Bildung von Knorpel und Bindegewebe.

Mangelerscheinungen: Kotfressen, Pigmentverlust, Knochenläsionen, Anämie, Wachstumsstörungen, Muskelstörungen
Überdosierung: Hepatitis, erhöhte Leberwerte
Quellen: Fleisch, Knochen, Leber

Magnesium

Wichtig für die Verwandlung von Eiweißen, Fetten und Kohlenhydraten in Energie, unterstützt die Eiweißsynthese, verhindert Blutgerinnsel, hilft bei der Verwertung von Natrium und Kalium, wichtig für die DNA-Synthese, hilft bei der Knochenbildung, wichtig für die Nervenfunktionen, verhindert Muskelschwäche, unterstützt die Herzfunktion, wichtig für den Stressabbau.

Mangelerscheinungen: Appetitlosigkeit, Reizbarkeit, Lethargie, Depression, Muskelschwäche, Ataxie, verlangsamtes Wachstum, Anfälle, Aortaverkalkung
Überdosierung: keine bekannt, Überschuss wird ausgeschieden
Quellen: Knochen, Knochenmehl, Getreide, Gemüse, Milchprodukte

Mangan

An vielen enzymatischen Prozessen beteiligt, die zur Energieversorgung wichtig sind. Wichtig für den Erhalt der Zellstrukturen, hilft Calcium und Phosphor zu verwerten, wichtig für die Verstoffwechslung von Eiweißen, Fetten und Kohlenhydraten, hilft die Immunabwehr und die Fruchtbarkeit zu erhalten.

Mangelerscheinungen: selten, geschwollene, steife Gelenke, brüchige Knochen, Fettleber
Überdosierung: keine bekannt
Quellen: Getreide, Fischöl

Natrium

Gehört zu den Elektrolyten, hilft den Säure-Basen-Haushalt zu regulieren, wichtig für Muskelkontraktionen, fördert Wachstum, hilft Nährstoffe an die Zellen abzugeben sowie Abfallprodukte abzutransportieren, wichtig für die Nervenfunktion.

Mangelerscheinungen: Erschöpfung, fehlende Milchbildung bei laktierenden Hündinnen, trockene Haut, Haarausfall, Störungen im Flüssigkeitshaushalt, schlechte Eiweißverwertung
Überdosierung: Durst, Verstopfung, Anfälle, Juckreiz
Quellen: Salz, Fisch, Meeresalgen, Eier, Blut, Getreide

Phosphor

Wichtig für das gesunde Wachstum, die Knochen- und Zahnbildung, hilft bei Muskelkontraktionen, wichtig für die Verwertung von Eiweiß, Fett und Kohlenhydraten, hilft bei der Zellenbildung.

Mangelerscheinungen: Kotfressen, Zahnverlust, schlechte Futterverwertung, geringeres Wachstum, Verstopfung, deformierte Zehen, schlechtes Haarkleid, Lahmheit, Knochenbrüche, Rachitis, Unbeweglichkeit, Unfruchtbarkeit
Überdosierung: Calciumaufnahme reduziert, Knochenabbau, Nierensteinbildung, Muskelabbau, Kalkablagerung im Gewebe, Anfälle, Magnesiummangel
Quellen: Fleisch, Milchprodukte, Eier, Pflanzen

Selen

Funktion als Antioxidans, unterstützt das Immunsystem und die Fruchtbarkeit, hilft zusammen mit Vitamin E den Coenzym Q10-Spiegel zu erhalten.

Mangelerscheinungen: Muskelschwäche, Atemnot, Unfruchtbarkeit, Ödeme, Depression
Überdosierung: Erbrechen, Appetitverlust, Nagelbruch oder -ausfall, Atemnot, Speicheln
Quellen: Leber, Eier, Getreide, Fischmehl

Zink

Ist in über 200 Enzymen enthalten, hilft beim Knochenwachstum, der Fötenentwicklung, der Wundheilung, der Insulinproduktion, der Immunabwehr und der Synthese von Eiweiß und Kollagen.

Mangelerscheinungen: Gewichtsabnahme, Haarausfall, Immunschwäche, Ekzeme
Überdosierung: Calcium- und Kupfermangel
Quellen: Leber, Geflügelfleisch (dunkel), Eigelb, Milch

Umstellen auf BARF

Im vielen Fällen kann man die Ernährung übergangslos umstellen, aber bei einigen Hunden hat es sich bewährt, die Umstellung langsamer anzugehen. Es ist leider so, dass viele Hundebesitzer erst zur Rohfütterung kommen, wenn ihr Hund bereits erkrankt ist, teilweise so schwer, dass keiner mehr Rat weiß. Bei solchen Hunden sollte man vorsichtig anfangen und den Hund gut beobachten, damit man seine Nahrung seinen speziellen Bedürfnissen optimal anpassen kann. Glücklicherweise erholen sich viele chronisch kranke Hunde vollständig nach der Umstellung auf BARF, in fast allen Fällen kommt es mindestens zu einer deutlichen Verbesserung des Allgemeinbefindens.

Empfehlenswert ist es, den Hund nach Möglichkeit erst ein bis zwei Tage fasten zu lassen, damit der Verdauungstrakt leer ist, so dass es bei der Umstellung auf rohe, artgerechte Nahrung zu keinen Verdauungsstörungen durch Fehlgärungen usw. kommt. In den ersten Tagen sollte man mit leichterer Kost beginnen, keine Knochen füttern und die verschiedenen Komponten wie Fleisch, Gemüse und Getreide trennen. Bis die Verdauung bei einem empfindlichen Hund wieder richtig funktioniert, ist es ratsam leicht gedünstetes Gemüse und helles Fleisch wie Pute, Huhn oder Lamm zu füttern. Ein bißchen grüner Pansen hilft zusätzlich noch die Darmflora aufzubauen. Bei sehr empfindlichen Hunden ist es zusätzlich empfehlenswert, mehrere kleinere Mahlzeiten zu füttern. Probleme bei der Umstellung werden am Ende dieses Kapitels als FAQ (häufig gestellte Fragen) behandelt.

Umstellung bei Senioren

Ab einem gewissen Alter bezeichnet man einen Hund als alt oder damit es sich nicht so schlimm anhört als Senior. Statt die Bezeichnung Senior an einer bestimmten Zahl von Lebensjahren festzumachen, definiert man einen Seniorhund nach Alterungsmerkmalen. Senioren haben weniger Geschmacksnerven und reduzierte Speichelsekretionen. Das kann z. B. erklären, warum einige Senioren oft mit zunehmendem Alter schlechter fressen.

Des weiteren sind die Zähne meist abgenutzt und der Darm träger als in der Jugend. Das sollte z. B. bei der Knochenfütterung berücksichtigt werden. Weitere Anzeichen sind Ergrauung des Felles, vor allem am Kopf des Hundes, und im fortgeschrittenen Alter Schwerhörigkeit und Sehschwäche. Alte Hunde werden auch vergesslich bzw. sind weniger aufmerksam. Ein älterer Hund ist weniger aktiv und hat oft Verschleißerscheinungen an den Gelenken und Knochen. Das Immunsystem eines Seniors ist nicht mehr so effektiv wie es mal war, was allerdings kein Grund für Wiederholungsimpfungen ist.

Ältere Hunde erkranken häufiger. Das hat mit dem Alterungsprozess an sich zu tun, aber auch viel mit der Haltung in den ersten Jahren. Hunde, die übergewichtig sind oder überwiegend mit Fertigfutterprodukten ernährt, wiederholt geimpft oder oft mit starken

Medikamenten behandelt worden sind, erkranken verhältnismäßig oft an Niereninsuffizienz, Diabetes, Schilddrüsenerkrankungen, Verdauungsstörungen, Herzerkrankungen, Tumorerkrankungen, Übergewicht, Hauterkrankungen, Zahnerkrankungen und Lebererkrankungen. Viele solcher Hunde werden bereits im mittleren Alter krank und erreichen gar nicht erst ein richtiges Seniorenalter. In solchen Fällen hätte eine artgerechte Haltung, insbesondere ein artgerechtes Futter, vieles verhindern können und man kann im Seniorenalter nur noch versuchen den Krankheitsprozess zu verlangsamen. Erfolg hat man besonders mit schonenden Behandlungsmethoden wie z. B. Homöopathie und Phytotherapie. Hunde, deren Gelenke und Knochen stark beansprucht worden sind durch Sport, Arbeit oder Übergewicht, leiden verhältnismäßig oft an Knochen- und Gelenkserkrankungen.

Im Prinzip ernähren sich alle Tierarten unabhängig von ihrem Alter mit den gleichen, für ihre Spezies artgerechten Nahrungsmitteln. Deswegen ist es nicht notwendig einen speziellen Ernährungsplan für den Seniorhund zu erstellen. Der ältere Hund hat bedingt durch die Abnahme an Aktivität weniger Energiebedarf. Futtertechnisch ist der reduzierte Energiebedarf einfach über eine reduzierte Futtermenge zu regeln.

Allerdings gibt es durch die altersbedingten körperlichen Veränderungen schon ein paar Punkte, die man beachten sollte. Wegen des reduzierten Speichelflusses und der evtl. abgenutzten Zähne sollte man nicht mehr allzu große Fleischbrocken füttern. Auch bei der Knochenfütterung muss man diese Punkte beachten. Es kann gut sein, dass der Senior die Knochen nicht mehr richtig kauen kann und durch die trägere Darmtätigkeit eher zu Verstopfungen neigt. Hier ist es sinnvoll, nur wenig Knochen und verhältnismäßig mehr Fleisch/Fett/Innereien zu füttern, damit der Hund nicht verstopft wird. In bestimmten Fällen ist es sogar ratsam, statt roh zu füttern das Futter zu kochen.

Obwohl der Senior weniger Kalorien benötigt, ist es schlichtweg FALSCH eiweißreduziert zu füttern. Ein alter Hund hat sogar einen erhöhten Bedarf an Eiweiß. Das lässt sich folgendermaßen erklären: Der ältere Hund kann zwar genau soviel Eiweiß aus der Nahrung aufnehmen, aber er kann das Eiweiß nicht mehr so gut verwerten. Es ist sinnvoll, dem Seniorhund leicht verdauliches Eiweiß zu füttern, was bei der Rohfütterung sowieso gegeben ist. Der Mythos, dass hohe Eiweißmengen Nierenerkrankungen entstehen lassen oder bestehende Nierenerkrankungen verschlimmern, hält sich hartnäckig, obwohl inzwischen mehrfach wissenschaftlich nachgewiesen worden ist, dass dies NICHT der Fall ist. Der Körper braucht Eiweiß um Gewebe aufzubauen und zu erhalten. Füttert man zu wenig Eiweiß, baut sich Gewebe ab, das Immunsystem wird schwächer und die Enzymaktivität lässt nach. Das beschleunigt nur den Alterungsprozess.

Die Gabe von Kräutern kann den Senior auf schonende und natürliche Art unterstützen. Hier macht es Sinn Kräuter zu füttern, die den Stoffwechsel anregen und verschiedene Organe und physiologische Vorgänge unterstützen. Es gibt hochwertige Kräutermischungen im Handel speziell für den alternden Hund. Alternativ können Sie frische Kräuter sammeln, kaufen oder in Ihrem Garten züchten. Einige hilfreiche Kräuter für den Senior sind Weißdorn, Klettenwurzel, Schachtelhalm, Brennessel, Süßholz, Brunnenkresse und Löwenzahn sowie die Algen Spirulina, Chlorella und Ascophyllum Nodosum. Auch bei beginnenden Nierenerkrankungen ist es nicht sinnvoll eiweißreduziert zu füttern. Erst wenn die Nierenwerte ein bestimmtes Maß überschreiten, macht es Sinn den Phosphorgehalt des Futters zu reduzieren. Bei einer Niereninsuffizienz ist die Phosphorausscheidung durch die Niere gestört und es kommt irgendwann zur Urämie. Eine zusätzliche Gabe von Calciumcarbonat kann helfen den Phosphor bei der Verdauung zu binden. Bei nierenkranken Hunden ist auch darauf zu achten, dass Vitamine und Spurenelemente ergänzt werden, da ihre Verwertung durch die gestörte Nierenfunktion eingeschränkt ist. Es ist auch besonders wichtig, dass nierenkranke Hunde viel Wasser trinken.

Ein alter und/oder chronisch kranker Hund erlebt oft eine deutlich Besserung seines Allgemeinbefindens durch eine Umstellung auf Rohfutter. Vorteilhaft ist, dass man die Ernährung genau auf die besonderen Bedürfnisse des Hundes anpassen kann. Bei einem chronisch kranken Hund sollten Sie sich Rat bei einem Tierheilpraktiker oder Tierarzt holen, der mit Ihnen einen passenden Ernährungsplan ausarbeiten kann.

FAQ - häufig gestellte Fragen zur Umstellung auf BARF

Kann ich Fertigfutter und Rohfutter mischen?

Das ist generell keine gute Idee, es gibt aber viele, die aus Angst vor Mangelerscheinungen noch Fertigfutter zufüttern. Wenn Sie das tun, dann ist es wichtig, das Rohfutter und das Fertigfutter nicht in einer Mahlzeit zu mischen. Fertigfutter braucht in der Verdauung länger als Rohfutter, und das Mischen kann Blähungen, Verstopfungen und sonstige Verdauungsstörungen oder sogar eine Magendrehung verursachen.

Wenn Sie Fertigfutter und Rohfutter füttern möchten, dann ist es ratsam, zwei Mahlzeiten zu geben; z. B. morgens Fertigfutter und abends roh.

Kann ich Welpen von Anfang an roh ernähren?

Ja, das können Sie. Züchter berichten, dass natürlich aufgezogene Welpen langsamer, gleichmäßiger und gesünder wachsen. Sie erscheinen „frischer" und aufgeweckter und zeigen mehr Aktivität im jüngeren Alter als Welpen, die mit Fertigfutter aufgezogen werden. Siehe dazu die BARF Broschüre über die Aufzucht von Welpen mit BARF.

Muss jede Mahlzeit ausgewogen sein?

Nein! Es ist weder notwendig noch möglich, ausgewogene Mahlzeiten bei jeder Fütterung zu geben. Der Hund braucht alle Nährstoffe im richtigen Verhältnis zu jeder Mahlzeit - eine solche Behauptung kann nur ein Tierfutterhersteller machen. Die Ausgewogenheit findet über einen Zeitraum von etwa vier Wochen statt, wie es auch in der freien Natur passiert. Bei einer rohen, natürlichen Ernährung ist es deswegen nicht weiter schlimm, wenn ein Hund mal eine gewisse Zeit etwas einseitig isst. Wenn Sie in Urlaub fahren oder wenig Zeit haben, können Sie morgens z. B. einfach ein paar fleischige Knochen füttern.

Mein Hund trinkt jetzt weniger Wasser - sollte ich besorgt sein?
Nein, das ist ganz normal. Fleisch und Gemüse bestehen großteils aus Wasser und enthalten wenig Salz, so dass der Wasserbedarf wesentlich geringer ist als bei der Fütterung von Trockenfutter.

Mein Hund schlingt sein Futter - was tun?
Das kann am Anfang sehr erschreckend sein. Wichtig ist erst mal, dass der Hund in Ruhe essen darf. Wenn Sie mehrere Hunde haben, kann der Futterneid dazu führen, dass ein Hund schlingt. In diesem Fall ist es ratsam, die Tiere außer Sichtweite voneinander zu füttern. Schlingt der Hund dennoch sein Futter, sollte man ihm das Fleisch und die Knochen in so großen Stücken füttern, dass er sie unmöglich hinunterschlucken kann, oder die Stücke festhalten, um ihn zum Abbeißen zu zwingen. Vorsicht mit den Fingern dabei!

Mein Hund erbricht manchmal sein Futter - was tun?
Es gibt verschiedene Gründe, warum ein Hund bricht. Bricht er gelbe Galle, ist sein Magen wahrscheinlich leer, und er hat Hunger. Manche Hunde vertragen einen Fasttag schlecht und brechen dann Galle; in so einem Fall würde ich den Hund nicht mehr fasten lassen. Bricht der Hund weißen Schaum, hat er möglicherweise zuviel Wasser getrunken. Wenn der Hund schlingt, kann es passieren, dass er sein Futter erbricht, um es dann erneut zu fressen. Das ist für uns zwar eklig, für den Hund aber normal. Manche Hündinnen erbrechen ihr Futter für ihre Welpen - das ist Natur! Erbricht der Hund anfangs öfter, ist zu überlegen, ob man probiotische Kulturen und Verdauungsenzyme füttert, um ihn bei der Verdauung des neuen Futters zu unterstützen. Hier helfen auch häufigere Mahlzeiten mit kleinen Portionen. Sollte der Hund häufig oder sehr heftig brechen, dabei sabbern oder offensichtlich Bauchschmerzen haben, ist sofort ein Tierarzt aufzusuchen!
Im Zweifelsfall immer einen Tierarzt aufsuchen!!

Mein Hund hat weniger Stuhlgang - ist das normal?
Das ist bei Rohfütterung ganz normal, da der Hund seine Nahrung viel besser verwerten kann und keine billigen Füller wie Getreide oder Rote-Beete-Masse enthalten sind. Ein angenehmer und umweltfreundlicher Nebeneffekt von BARF (Biologisch Artgerechte Rohe Fütterung).

Mein Hund hat weißen Stuhlgang - ist das normal?
Das kann bei der Fütterung von Knochen ganz normal sein. Sollte der Hund aber sehr pressen beim Koten oder immer weißen Knochenkot haben, muss man den Gemüse- und Fleischanteil erhöhen und den Knochenanteil reduzieren.

Mein Hund hat Verstopfung - was nun?

Wahrscheinlich ist der Knochenanteil zu hoch. Anfangs tun sich einige Hunde mit der Knochenverdauung schwer. In diesem Fall hilft es erst mal Kürbisfleisch zu füttern, um den Hund zu lösen. Er sollte auch fasten, bis ein Stuhlgang erfolgt ist. Bei starken Verstopfungen ist ein Tierarzt aufzusuchen! Einige Diätpläne, wie z. B. der von Dr. Billinghurst, enthalten meiner Meinung nach zu viele Knochen für mitteleuropäische Hunde. Bei der Ernährung sollte man das Klima und die Herkunft der Tiere in Betracht ziehen - was für einen Wüstenhund geeignet ist, ist eventuell ganz falsch für einen Hochgebirgshund. Ist der Hund öfter verstopft, müssen unbedingt weniger Knochen gefüttert werden.

Warum hat mein Hund jetzt Durchfall?

Am Anfang kann es öfters zu Durchfällen kommen; da muss man aber klar zwischen Durchfall (wässrig) und weichem Stuhlgang unterscheiden. Ist der Stuhlgang nur weich, normalisiert er sich mit der Zeit, wenn die Verdauung wieder anfängt, normal zu arbeiten. Ist der Durchfall stark wässrig oder länger anhaltend, ist ein Tierarzt aufzusuchen, da es sich hier um eine Erkrankung oder Parasitenbefall handeln könnte.

Mein Hund hat Schleim um den Stuhl - was ist das?

Mit Schleim überzogene Faeces sieht man häufig nach der Umstellung auf Rohfutter; das gehört zu den Entgiftungserscheinungen. Das Füttern von Milchprodukten kann auch zu schleimigem Stuhlgang führen; in dem Fall ist es ratsam, die Milchprodukte eine Weile nicht mehr zu füttern. Passiert dies nur anfangs oder ab und zu, ist es kein Grund zur Sorge. Passiert es aber häufig oder hört es nicht auf, ist ein Tierarzt aufzusuchen! Es könnte

sich um eine Magen-Darm-Entzündung oder Parasitenbefall handeln und sollte per Kotuntersuchung unbedingt abgeklärt werden.

Ist Rohfutter nicht teurer?

Nein. Oft ist es sogar deutlich günstiger als ein hochwertiges Fertigfutter. Es gibt inzwischen sehr viele Lieferanten für frisches Fleisch und Knochen für Hunde, die Preise liegen zwischen 0,50-3,00 EUR pro Kilo.

Gemüse ist nicht besonders teuer in den kleinen Mengen, die man braucht und hochwertige Nahrungsergänzungsmittel sind sehr ergiebig, wenn die Qualität stimmt.

Entgiftung?

Was versteht man unter „Entgiftung"?

Da die meisten Fertigfuttersorten minderwertige Zutaten enthalten, kann es zu einer Ansammlung von Giftstoffen und Schlacken im Körper kommen, wenn Fertigfutter über längere Zeit gefüttert wurde. Stellt man den Hund auf Rohkost um, kommt es oft anfangs oder sogar nach einiger Zeit zu einer Art „Entgiftung", indem der Körper diese angesammelten Gifte ausscheidet. Das kann sich durch verschiedene Symptome äußern: Durchfall, Schleim im Kot, Juckreiz, Hautprobleme, Ohren- und Augenausfluss, Erbrechen oder übler Geruch.

Unterstützen kann man diesen Prozess, indem man das Immunsystem stärkt: mit Kräutern oder mit einer homöopathischen Behandlung. Der Entgiftungsprozess kann den Hundehalter zur Verzweiflung bringen, weil er langwierig sein und schlimm aussehen kann.

Wichtig ist, zu unterscheiden zwischen normalen „Entgiftungserscheinungen" und ernsthaften Erkrankungen. Oft liest man z. B. in Internetforen, wenn ein Hundebesitzer über Krankheitssymptome nach der Umstellung berichtet, dass es sich „nur" um eine Entgiftung handelt. Manchmal wird das Konzept von einer Entgiftung zu leichtsinnig als Erklärung vorgebracht bei Erkrankungen. Es könnte auch eine behandlungsbedürftige Erkrankung oder eine Unverträglichkeit sein.

Entgiftungserscheinungen sind in der Regel relativ mild, klingen innerhalb von spätestens drei Monaten ab, können zwar unangenehm sein, dürfen aber nicht zu ernsthaften Krankheitssymptomen ausarten. Ein Beispiel ist der Stuhlgang: ein Entgiftungssymptom wäre ein vorübergehend loser, breiiger oder schleimüberzogener Stuhlgang. Wässriger Durchfall, starkes, wiederholtes Erbrechen, wiederholt blutiger Stuhlgang, ständige Schleimüberzogene Stuhlgänge sind keine Entgiftungserscheinungen mehr, sondern ernstzunehmende Krankheitssymptome. In solchen Fällen ist ein Tierarzt aufzusuchen um die Krankheitsursache zu finden und die Verdauung zu stabilisieren.

Sind Sie sich unsicher, ob Ihr Hund nur Entgiftungserscheinungen zeigt oder ernsthaft krank ist, lassen Sie ihn vorsichtshalber vom Tierarzt untersuchen.

Parasiten

Entwurmung/Darmreinigung für Hunde mit Kräutern

Kräuterpillen: Mischen Sie jeweils einen Teelöffel Wermutkraut, Salbei, Thymian und Minze zusammen mit etwas Mehl und Honig, so dass diese Mischung sich in kleine Bällchen rollen lässt. Bei Bandwurmbefall hat sich eine Mischung aus Raute, Wermut und Cayenne bewiesen. Für einen 30 kg-Hund benötigen Sie ca. 5-6 haselnussgroße Kügelchen. Am besten planen Sie die Entwurmung kurz vor dem Vollmond, da sich Parasiten nach dem Mondzyklus vermehren und zu dieser Zeit am aktivsten sind und weiter aus der Darmschleimhaut hervortreten. Ich weiß nicht, ob das mit dem Mondzyklus medizinisch nachgewiesen ist denke aber, dass es nicht schaden kann sich nach diesem Zeitplan zu richten.

Bei Tag 1 steht Fasten, aber bei einer starken Verwurmung ist es besser den Hund 2-3 Tage zu fasten.

TAG 1(-2): Fasten (Das heißt **keine** Nahrung!), abends 1-2 Esslöffel (14-28 ml) Rhizinus Öl - viel Wasser, bei Bedarf mit Honig oder Zitrone.
TAG 2: Morgens: Kräuterpillen geben, eine halbe Stunde später Rhizinusöl. Einige Stunden später: leichte, semi-flüssige Mahlzeit. Am besten eignet sich hierzu ein Brei aus Slippery Elm Baumrindenmehl mit etwas Honig und Hüttenkäse oder Joghurt (für den Geschmack). Das Slippery Elm wird wie ein Gel, wenn man es mit Wasser anrührt, und dieses Gel beruhigt den Magen-Darm-Trakt und zieht zusätzlich noch Parasiten und Parasiteneier mit raus.
TAG 3: Morgens: Kräuterpillen (halbe Menge) und eine halbe Stunde später eine leichte, flüssige Mahlzeit (siehe Brei, Tag 2), abends auch eine leichte Mahlzeit, z. B. Gemüse, Eier, Hüttenkäse.
TAG 4: Morgens: Kräuter (halbe Menge), zwei leichte Mahlzeiten. Brei wie Tag 2. Abends kann schon eine kleine Fleischmahlzeit mit feingeschnittenem Grünzeug und Knoblauch gefüttert werden
TAG 5: Wie Tag 4 – Fleischmenge erhöhen.
TAG 6: Normale Fütterung jedoch ohne schwerverdauliche Zutaten wie z. B. Knochen.

Eine Ernährung mit Rohfutter hilft zudem den Darm sauber zu halten und verhindert somit Parasitenbefall. Folgende Nahrungsmittel haben auch eine anti-parasitäre Wirkung: Kürbiskerne, Kokosflocken und -öl, geriebene Möhren und Knoblauch. Diese Zutaten können Sie 3-4 mal wöchentlich dem Futter hinzufügen um einen Parasitenbefall zu verhindern. **Wichtig!** Nach einer Wurmkur mit Naturmitteln ist es ratsam, bei Ihrem Tierarzt eine Kotuntersuchung durchführen zu lassen, um sicher zu stellen, dass der Hund tatsächlich wurmfrei ist.

Noch offene Fragen

Kann ein roh ernährter Hund sportlich mithalten?

Durchaus! Es gibt mittlerweile viele Beispiele von rohernährten Hunden, die sportliche Hochleistungen gebracht haben. Hunde, die sportliche Hochleistungen bringen müssen, haben einen höheren Energiebedarf. Sie brauchen mehr Fett in der Nahrung und bei einigen hilft es, kleine Mengen an Getreide zu füttern. Bestimmte Nahrungsergänzungen, insbesondere Omega-3-Fettsäuren und Perna Canaliculus Muschelextrakt, sind sinnvoll.

Wie soll ich bei Reisen roh füttern?

Das kommt natürlich darauf an, wohin und wie lange man verreist. Auf Reisen per Auto von weniger als zwei Wochen Dauer kann man tiefgefrorenes Fleisch mitnehmen. Das Fleisch braucht in einer Kühlbox bis zu einer Woche zum Auftauen, den Rest kann man im Boden vergraben, um Madenbefall und Gestank zu verhindern. Gemüse könnte man in Dosen mitnehmen. Alle anderen Zutaten sind einfach mitzunehmen oder an Ort und Stelle zu kaufen. Sie können natürlich auch in den meisten Orten Europas Fleisch kaufen, nur kann das teuer werden. Ich nehme mein Fleisch immer mit und grabe ein Loch in die Erde, lege das Fleisch hinein und überdecke es mit flachen Steinen oder einem Brett und anschließend einer dünnen Erdschicht (nicht in Plastikbeutel vergraben!). In den warmen Temperaturen in Südeuropa kann das ganz schön stinken, wenn man es wieder ausbuddelt, also ist diese Methode nicht empfehlenswert auf dicht belegten Campingplätzen. In einigen Küstengebieten bekommt man sehr günstig Fisch als Alternative.

Viele füttern dennoch in der Urlaubszeit Fertigfutter; wenn's nicht anders geht, wird es dem Hund sicherlich auch nicht schaden. Schließlich soll man sich im Urlaub auch erholen, also keinen Stress deshalb!

Was ist mit der Gefahr einer Magenumdrehung?

Es ist tatsächlich so, dass bei einer rohen, artgerechten Ernährung die Risiken einer Magenumdrehung wesentlich geringer sind. Dies beruht erst mal auf Berichten von Züchtern und anderen Hundehaltern, weil es keine wissenschaftlichen Studien über die Rohfütterung gibt. Züchter von großen Hunderassen wie Doggen berichten, dass sie seit der Umstellung keine oder sehr selten Magenumdrehungen erlebt haben. Ich selber habe weder bei meinen noch bei Hunden, deren Besitzern ich bei der Umstellung geholfen habe, jemals eine Magenumdrehung erlebt. Ich glaube, das verminderte Risiko beruht auf zwei Umständen: Erstens quillt das Rohfutter im Magen nicht auf und verursacht keine Gasbildung im Magen, und zweitens kauen die Hunde viel sorgfältiger ihr Rohfutter und fressen deshalb deutlich langsamer. Ein weiterer Punkt ist, dass es bei der Rohfütterung meistens zwei Mahlzeiten gibt; die Verteilung der Menge auf zwei Fütterungen verringert auch bei Fertigfutter die Gefahr einer Magenumdrehung.

Rohfleisch macht böse - oder nicht?

Das ist tatsächlich ein Märchen. Im Gegenteil: Eine Umstellung auf artgerechte Ernährung kann sogar helfen, sehr nervöse und aggressive Hunde etwas zu beruhigen. Minderwertige Nahrung wirkt sich auch auf das Verhalten aus! Es kann sein, dass ein Hund seinen Knochen vehementer gegen andere Hunde verteidigt als eine Schüssel Trockenfutter, aber sein Verhalten seinem Besitzer gegenüber ist eine reine Erziehungssache! Jeder Mensch, jedes Kind kann meinen Hunden einen Knochen wegnehmen, denn sie haben verstanden, dass Menschen keine Futterkonkurrenten sind.

Hundebesitzer, die Vieh, z. B. Schafe, halten, machen sich Sorgen, Schaffleisch an die Hunde zu füttern, weil sie befürchten, die Hunde könnten zu Viehreißern werden. Ich hatte jahrelang eine Schafzucht mit 500 Tieren, dazu Hasen, Ziegen, Gänse und Schweine. Meine Hunde arbeiteten an der Herde und bekamen fast nur Schaffleisch zu essen. Abends aßen sie die verendeten Lämmer und nachts schliefen sie bei den Lämmern, die wir mit der Flasche aufziehen mussten. Es hat nie ein Hund auch nur ansatzweise versucht, ein Schaf oder ein Lamm zu töten.

Kann ich meine Katze roh ernähren?

Ja, das können Sie! Katzen sind, im Gegensatz zu Hunden, wahre Karnivoren und gedeihen prima mit natürlicher Ernährung. Allerdings ist es oft schwer, ältere Katzen auf Rohkost umzustellen, denn durch das geruchs- und geschmacksintensive Fertigfutter schmeckt ihnen natürliche Kost nicht mehr. Da hat man zwei Möglichkeiten: Entweder lässt man die Katze fasten, bis sie die rohe Nahrung annimmt (nie länger als drei Tage fasten, sonst könnte die Katze einen Leberschaden bekommen!) oder man fängt mit gekochtem Fleisch an und reduziert über einen Zeitraum von vier bis sechs Wochen die Kochzeiten, bis sie das Fleisch auch roh essen. Meine Katzen essen ausschließlich roh: Hühnerhälse, Flügel, Herzen, Mägen, Rindfleisch, Thunfisch usw.

Mein Kater Batman frisst sogar Pansen und älteres Fleisch, aber er ist von klein auf natürlich ernährt worden! Die meisten Katzen lehnen Fleisch ab, das nicht frisch ist.

Linktipp:
Eine hervorragende Seite
über die natürliche
Ernährung von Katzen:
www.savannahcats.de

Für die Taschenrechner-Fütterer

Futterplan nach Bedarfs- und Nährwerttabellen ausrechen - Sinn oder Unsinn?

Sie haben Ihren Hund auf BARF umgestellt und wollen es ganz perfekt machen, denn so wirklich trauen Sie dem Ganzen nicht. Sie sind durch die Fertigfutterindustrie verunsichert und haben permanent Angst, dem Hunde könnte was fehlen und er würde krank werden.

Die Fertigfutter-Industrie hat ganze Arbeit geleistet in Punkto Verunsicherung. Viele lassen sich sofort verunsichern, wenn mal ein Problem auftaucht - statt den Hund mit Gesundem zu unterstützen, gibt man wieder FeFu, Antibiotika, Cortison und Co., weil das von der Gesellschaft akzeptiert ist und dann keine Vorwürfe kommen. Das Konzept, dass irgendein Lebewesen alle Nährstoffe im richtigen Verhältnis zu jeder Mahlzeit braucht, ist absurd und widernatürlich. Man darf die FeFu-Philosophie nicht bei der Frischfütterung anwenden. Das kann nicht funktionieren. Diese Rechnerei der Bedarfswerte und Nahrungsmittelwerte ist bestenfalls eine Zeitverschwendung. Die Bedarfswerte wurden eruiert bei Hunden, die alles andere als artgerecht ernährt worden sind und durch schlechte bzw. unnatürliche Haltung in Laborsituationen alles andere als normal gelebt haben. Die gängigen publizierten Nährstoffwerte, die man bekommt, sind nur sehr grobe Richtlinien - man kann unmöglich eine Ernährungszusammenstellung in allen ihren Komponenten exakt berechnen. Viele Nährstoffe kennen wir noch gar nicht. Die Nährstoffwerte von Lebensmitteln unterliegen solch starken Schwankungen, dass man nie wirklich ausrechnen kann, was tatsächlich in Futter enthalten ist.

BARF ist was Einfaches, was Normales, was Natürliches, was Artgerechtes - es bedarf keines Taschenrechners und keiner wissenschaftlichen Beweise - es bedarf eines simplen Verständnisses des Ernährungsbedarfs des Hundes und eines gesunden Menschenverstands.

Es gibt verschiedene Quellen für Bedarfswerte an Nährstoffen für Hunde - die sich auch immer wieder mal ändern, wenn neue Erkenntnisse publiziert werden. Die Änderungen verunsichern dann die Hundebesitzer, da auf einmal das ganze mühsam Errechnete nicht mehr stimmt. Besser wäre es, die Frischfütterer würden endlich mal verstehen, dass man diese ganzen Werte (NRC, AAFCO, usw) nicht gebrauchen kann, um Frischfutter zu berechnen und sie tatsächlich auch nicht braucht. Es kann einfach nicht stimmen, wenn man die Studien im Volltext liest, von denen diese Werte abgeleitet worden sind. Diese veralteten wissenschaften Texte sind zum Teil so unseriös - würde ein Wissenschaftler heutzutage mit solcher Methodik arbeiten, würde er von seinen Kollegen ausgelacht werden. Und alle schreiben fleißig diese Werte voneinander ab. Die Werte ändern sich jetzt und werden sich in 10 Jahren wieder ändern, wenn die nächsten Hundegenerationen neue Erkrankungen bekommen haben durch die heutigen Fehler. Dennoch habe ich für Sie einige Tabellen eingefügt, damit Sie selber feststellen können, dass eine genaue Berechnung des Futtermittelbedarfs anhand von Tabellen im Grunde gar nicht möglich ist.

Täglicher Nährstoffbedarf des Hundes laut NRC[1]

Nährstoff	Bedarf je kg/KM ^{0,75}
Aminosäuren	
Arginin	110 mg
Histidin	62 mg
Isoleucin	120 mg
Leucin	220 mg
Lysin	110 mg
Methionin/Cystin	210 mg
Phenylalanin/Tyrosin	240 mg
Threonin	140 mg
Tryptophan	46 mg
Valin	160 mg
Fett	1,8 g
Eiweiß	3,2 g
Mineralien	
Calcium	130 mg
Phosphor	100 mg
Kalium	140 mg
Natrium	26,2 mg
Chlorid	40 mg
Magnesium	19,7 mg
Eisen	1 mg
Kupfer	0,2 mg
Mangan	0,16 mg
Zink	1 mg
Jod	23,6 µg
Selen	11,8 µg
Vitamine	
Vitamin A	50 µg
Vitamin D	0,45 µg
Vitamin E	1 mg
Vitamin K (Menadion)	0,054 mg
Vitamin B1	0,074 mg
Vitamin B2	0,171 mg
Vitamin B5	0,49 mg
Vitamin B3	0,57 mg
Vitamin B6	0,049 mg
Folsäure	8,9 µg
Vitamin B12	1,15 µg
Cholin	56 mg

[1] *Nutrient Requirements of Dogs and Cats* - National Academies Press 2006

Erläuterung

Die Werte aus der NRC Tabelle beziehen sich auf das Körpergewicht des Hundes. Ausgangspunkt ist ein gesunder, schlanker, moderat aktiver Hund im Erhaltungsstoffwechsel.

Obwohl die Bedarfsmenge in Gramm/Kilogramm Körpergewicht des Hundes angegeben ist, muss der **tatsächliche** Bedarf des Hundes bezogen auf sein Körpergewicht mit einer Potenzformel noch genau ausgerechnet werden.

Z. B. Der Ca-Bedarf eines 20 kg-Hundes wird folgendermaßen berechnet:

$$130 \times 20^{0,75} = 1229 \text{ mg Ca/Tag}$$
$$\text{oder } 61 \text{ mg Ca/kg KM}$$

Dies wird deshalb so berechnet, weil ein Hund, mit 20 kg Körpergewicht, nicht zwangsläufig den doppelten Nährstoffbedarf eines 10 kg schweren Hundes hat.

Um das zu verdeutlichen habe ich in der Tabelle unten den Ca-Bedarf nach der o.g. Formel für verschiedene Körpergewichte des Hundes ausgerechnet.

Gewicht des Hundes in kg	mg Ca/kg KM
2	109
5	87
10	73
15	66
20	61
30	56
40	52
50	49

Täglicher Nährstoffbedarf des Hundes laut AAFCO berechnet nach Futtermenge [2]

Nährstoff	Einheit /kg/Trockenmasse	Wachstum/Trächtigkeit Minimum	Erhaltungsstoffwechsel Minimum	Maximum
Aminosäuren				
Arginin	%	0,62	0,51	-
Histidin	%	0,22	0,18	-
Isoleucin	%	0,45	0,37	-
Leucin	%	0,72	0,59	-
Lysin	%	0,77	0,63	-
Methionincystin	%	0,53	0,43	-
Phenylalanintyrosin	%	0,89	0,73	-
Threonin	%	0,58	0,48	-
Tryptophan	%	0,20	0,16	-
Valin	%	0,48	0,39	-
Fette				
Fett	%	8,00	5,00	-
Linolsäure	%	1,00	1,00	-
Mineralien				
Calcium	%	1,00	0,60	2,50
Phosphor	%	0,80	0,50	1,60
Ca:P Verhältnis	%	1:1	1:1	2:1
Kalium	%	0,60	0,60	-
Natrium	%	0,30	0,06	-
Chlorid	%	0,45	0,09	-
Magnesium	%	0,04	0,04	0,30
Eisen	mg/kg	80,00	80,00	3.000,0
Kupfer	mg/kg	7,30	7,30	250,00
Mangan	mg/kg	5,00	5,00	-
Zink	mg/kg	120,00	120,00	1.000,0
Jod	mg/kg	1,50	1,50	50,00
Selen	mg/kg	0,11	0,11	2,00
Vitamine				
Vitamin A	IU/kg	5.000,00	5.000,00	250.000,00
Vitamin D	IU/kg	500,00	500,00	5.000,00
Vitamin E	IU/kg	50,00	50,00	1.000,00
Vitamin B1	mg/kg	1,00	1,00	-
Vitamin B2	mg/kg	2,20	2,20	-
Vitamin B5	mg/kg	10,00	10,00	-
Vitamin B3	mg/kg	11,40	11,40	-
Vitamin B6	mg/kg	1,00	1,00	-
Folsäure	mg/kg	0,18	0,18	-
Vitamin B12	mg/kg	0,02	0,02	-
Cholin	mg/kg	1.200,00	1.200,00	-

[2] Journal of Nutrition 124: 2535S-2539S, 1994

Rind	je 100 g	Calcium mg	Phosphor mg	Natrium mg	Magnesium mg	Kalium mg	Zink mg	Eisen mg	Kupfer mg	Jod µg	Selen µg
Rind	Muskelfleisch	6	195	66	23	355	4,2	2,2	0,1	6,8	5
	Kopffleisch 20% Fett	5	149	52	19	316	4,81	1,9	0,1	5	5
	Herz	9	214	108	25	286	2	5	0,4	30	15
	Pansen grün	120	130	50	40	100	1,5	9,6	0,1	0	0
	Blättermagen	90	80	80	25	60	2,2	3,1	0,2	0	0
	Euter	115	160	155	20	80	1,4	2,9	0,2	0	0
	Lunge	9	165	145	18	180	1,6	6,2	0,2	0	0
	Milz	13	320	95	25	450	3,9	44	0,4	0,014	0
	Niere	11	248	235	20	245	2,1	9,5	0,4	5	112
	Leber	7	360	115	17	290	4,83	7	3,1	14	21
	Trachea	40	70	170	0	0	1,6	7,3	0,09	0	0
	Kalbsknochen	13800	6200	360	210	140	7,5	60	0,7	0	0
	Brustbein	2900	750	-	-	-	-	-	-	-	-
	Knochenmehl >30% Asche	15200	7300	940	260	260	9,1	10	1,6	5	0
	Blut Frisch	9	35	330	5	40	0,3	43	0,1	0	0
	Blutmehl	160	140	730	30	0	2,6	201	1,8	85	0
Pferd	Muskelfleisch	13	185	1	23	330	2,9	4,7	0,2	1	5
	Fleisch mit Knochen	0	0	0	0	0	0	0	0	0	0
Huhn	Herz	22	164	111	0	0	3	1,7	0	0	0
	Huhn ganz mit Knochen	1491	910	50	30	189	1,1	1,5	0,05	0,9	5
	Hähnchenhälse mit Knochen	1580	900	56,7	11,9	122,5	1,88	1,44	0,08	0	0
	Hähnchenflügel mit Knochen	1070	660	55	16	120	1,1	1,1	0,03	0	0
	Hühnerklein mit Knochen	950	570	44,8	12	105	0,88	0,7	0,04	0	0
	Leber	18	240	68	13	220	3,2	7,4	0,4	2,4	55
	Hühnerfüße	645	200	38	10	26	4,9	9,6	0,2	0,037	0
	Hühnerköpfe frisch	0	54,5	0	0	0	0	0	0	0	0
	Hühnermägen frisch	4	804	26	0	96	0	11,6	0	0	0

je 100 g		Calcium mg	Phosphor mg	Natrium mg	Magnesium mg	Kalium mg	Zink mg	Eisen mg	Kupfer mg	Jod µg	Selen µg
Pute	Pute Brust roh	13	200	46	20	330	1,8	1	0,13	1,5	5
	Leber	10	300	80	20	250	3	9	0,4	2,5	0
	Innereien frisch	0	0	0	0	0	0	0	0	0	0
Lamm	Muskelfleisch	10	210	78	23	380	3,7	2,5	0,1	1,8	2
	Schulter ohne Knochen	9	155	97	20	249	2,9	2,3	0,32	3	0
	Leber	8	360	95	20	280	4	12	7	3	0
	Lunge	17	66	205	0	292	0	6,4	0	0	0
Schwein	Magen	20	115	130	30	130	1,8	2,8	0,1	0	0
	Milz	12	241	100	20	400	2,2	21	0,1	0,01	0
	Niere	8	260	170	19	240	2,6	5	0,7	7	203
	Leber	10	360	80	21	350	6,4	15,8	1,3	14	56
	Zunge	9	187	93	18	234	3	3,2	0,2	1,4	0
Hase	ohne Knochen	15	225	50	30	380	1,4	3,5	0,2	0,6	10
Ente	Fleisch ohne Knochen	14	196	38	22	270	1,8	2,5	0,2	1,2	0
Gans	Fleisch ohne Knochen	12	180	85	23	420	1,3	1,9	0,3	4	23
Fisch	Hering (Menhaden)	34	250	117	31	360	0,7	1,1	0,3	39	55
	Hering (Ostsee)	60	240	75	30	370	0,9	1,2	0,1	50	50
	Lachs	13	265	50	29	370	0,8	1	0,2	34	26
	Makrele	12	245	95	30	400	0,5	1	0,1	49	39
	Sardine	85	250	100	25	250	3,4	2,5	0,2	32	60
	Seelachs	8	375	81	57	48	0,6	1	0,2	200	31
	Rotbarsch	22	200	80	30	310	0,6	0,7	0	99	44
	Thunfisch	20	200	43	20	40	1,7	1	0,051	50	82

Quellen: *BARFworks* - A.Höger und eigene Analysen - S. Simon

je 100 g	Vit A µg	Carotin µg	D µg	E mg	K1 µg	C mg	B1 mg	B2 mg	B6 mg	Niacin mg	Biotin µg	B5 mg	Folsäure µg	B12 µg
Rind														
Muskelfleisch mager	20	0	0	0,5	12,5	0	0,23	0,18	0,5	11,3	3	0,6	3	3
Kopffleisch 20% Fett	3	0	0	0,7	12,5	0	0,18	0,22	0,15	9,3	3	0,7	3	3,8
Herzroh	6	0	1	0,4	0	5	0,51	0,91	0,28	10,9	8,1	2	4	9,9
Pansen grün	100	0	0	1	0	0	0,07	0,15	0,1	1,6	7	1,2	0	4
Blättermagen	0	0	0	0	0	0	0	0	0	0	0	0		0
Euter	0	0	0	0	0	0	0	0,36	0,17	0	0	1,2	0	14
Lunge	45	0	0	0	0	0	0,11	0,3	0,04	0	5,9	1,3	0	3,3
Milz	30	0	1	1	0	0	0,13	0,33	0,12	0	5,7	1,2	0	3,8
Niere	5	0	0	0,4	0	11	0,3	2,26	0,39	10,1	58	3,85	170	33,4
Leber	15.300	0	1,7	0,7	74,5	30	0,3	2,9	0,71	19,8	96	9,3	592	65
Trachea	0	0	0	0	0	0	0	0	0	0	0	0	0	0
Kalbsknochen	0	0	0	0	1,4	0	0	0	0	0	0	0	0	0
Knochenmehl >30% Asche	0	0	0	0	2,8	0	0	0	0	0	0	0,5	0	0
Blut Frisch	30	0	0	0	0	0	0,09	0,04	0,02	0,65	0	0	0	0
Blutmehl	0	0	0	0,2	0	0	0,4	0,26	0,48	2,2	3	0,4	5	4,4
Pferd														
Fleisch	21	0	0,3	0	0	1	0,11	0,15	0,5	6,6	3	0,5	5	3
Fleisch mit Knochen	0	0	0	0	0	0	0	0	0	0	0	0,6	0	0
Huhn														
Herz roh	9	0	0	1,2	720	6	0,43	1,24	0	6	0	2,56	0	4,24
Huhn ganz mit Knochen	161,91	0	0	0,06	0	1,82	0,06	0,17	0,3	5	2	1	21	0,78
Hälse mit Knochen	30,66	0	0	0	0	1,89	0,04	0,16	0,2	2,88	0	0,8	5,6	0,22
Flügel mit Knochen	30,87	0	0	0	0	0,49	0,04	0,06	0,24	4,15	0	0,6	2,8	0,22
Hühnerklein mit Knochen	52,71	0	0	0	0	1,12	0,04	0,08	0,13	3,39	0	0,6	4,2	0,18
Leber	12.800	0	1	0,4	80	28	0,32	2,5	0,8	16,9	80	7,2	380	25,03
Hühnerfüße	45	0	0	1,3	0	0	0,03	0,28	0,19	11,7	8	1,26	240	0,55
Hühnerköpfe frisch	0	0	0	0	0	0	0	0	0	0	0	0	0	0

je 100 g		Vit A µg	☐ Carotin µg	D µg	E mg	K1 µg	C mg	B1 mg	B2 mg	B6 mg	Niacin mg	Biotin µg	B5 mg	Folsäure µg	B12 µg
Pute	Mägen frisch	0	0	0	0	0	0	0,12	0,8	0	18	0	0	0	0
	Brust roh	1	0	0	0,2	0	0	0,05	0,08	0,46	14,2	0	0,59	7	0,52
	Leber	12.800	0	1	0,4	80	20	0,35	2	0,75	15	80	7,2	300	30
	Innereien frisch	0	0	0	0	0	0	0	0	0	0	0	0	0	0
Lamm	Muskelfleisch	0	0	0	0,4	0	0	0,16	0,22	0,29	4,5	2,3	0,48	3	3
	Schulter ohne Knochen	15	0	0	0,8	0	0	0,14	0,19	0,24	4,5	2,3	0,7	0	2,4
	Leber	9.500	0	0,88	0,5	0	0	0,37	2,7	0,5	17	88	7	0	75
	Lunge	0	0	0	0	0	0	0,11	0,47	0	0	0	1,2	0	5
Schwein	Magen	0	0	0	0	0	0	0	0	0	0	0	0	0	0
	Milz	90	0	0	0,6	0	0	0,13	0,33	0,1	0	5	1,1	0	3,4
	Niere	60	0	0	0,4	0	0	0,3	1,8	0,48	8	135	3,1	93	13
	Leber	39.100	0	0,1	0,6	56	23	0,31	3,17	0,6	11,8	90	6,8	136	39
	Zunge	0	0	0,6	0,6	0	4	0,49	0,5	0,35	7,4	0	0	3	0,8
Hase	ohne Knochen	0	0	0	0,4	0	0	0,11	0,07	0,3	10,8	1	0,8	8	8
Ente	Fleisch ohne Knochen	50	0	0	0,5	0	0	0,3	0,23	0,33	5,9	0	0	8	1,8
Gans	Fleisch ohne Knochen	65	0	0	0,8	0	0	0,12	0,26	0,58	9,7	0	0	4	0,8
Fisch	Hering (Menhaden)	38	0	27	1,5	0	0	0,04	0,22	0,45	7,3	10	0,9	5	8,5
	Hering (Ostsee)	10	0	7,8	2	0	1	0,06	0,24	0,4	6,4	10	1	5	11
	Lachs	41	0	5	2,2	0	1	0,17	0,17	1	11,8	0	7,4	3	2,9
	Makrele	100	0	4	1,3	5	0	0,13	0,36	0,63	12	7	0,46	2	9
	Sardine	20	0	7,5	0,5	0	0	0,02	0,25	0,96	13,3	0	0,3	4	0,1
	Seelachs	5	0	0,3	0,1	0	0	0,17	0,17	0,3	7	5	0	3	1,2
	Rotbarsch	14	0	2,3	1,3	0	1	0,11	0,08	0,39	5,8	5	0,1	5	3,8
	Thunfisch	450	0	4,54	0,3	0	0	0,16	0,16	0,46	13,5	2,1	0,66	15	4,3

Quellen: *BARFworks* - A.Höger und eigene Analysen - S. Simon

73

Gruppe	je 100 g	Ca mg	P mg	N mg	Mg mg	K mg	Zn mg	Fe mg	Cu mg	I µg	Se µg
Getreide	Reis gekocht	33	75	138	8	30	0,4	0,7	0,1	1	5
	Hirse - Sorghum	25	310	3	170	150	1,8	9	0,9	2,5	0
	Nudeln gekocht	10	50	96	10	22	0,4	0,7	0,1	0,6	6
	Haferkleie	100	690	6	0	0	3,2	7,3	0,422	0,008	10
	Vollkornhafer	65	350	5	135	320	3,7	4	0,4	4	5
	Sesamsamen	370	720	20	370	570	7,7	10,4	4,1	10	0
	Weizenkeime	70	1100	5	250	840	17	8,5	1,1	0	3
Kräuter	Petersilie Blatt glatt	245	128	33	41	1000	0,9	5,5	0,1	0	2
	Borretsch	90	50	80	50	450	1	3,3	0,1	3	1
	Brunnenkresse	170	52	49	15	230	0,7	2,2	0,1	2	1
	Pfefferminze	210	75	15	30	260	1,2	9,5	0,1	0,4	0
	Sauerampfer	50	70	4	40	360	0,5	8	0,2	3	1
	Sellerieblatt	80	45	80	12	700	0,3	0,1	0	3	1
	Zitronenmelisse	150	50	20	30	400	1,2	2	0,1	4	1
Ei	Ei roh ohne Schale	63	178	100	16	150	1,4	2,7	0,5	0,009	10
Milchprodukte	Joghurt	130	100	50	12	160	0,45	0,05	0	3,6	0
	Hüttenkäse	50	170	400	9	86	0,5	0,3	0,02	9	5
	Ziegenmilch	127	109	0,8	14	181	0,2	0,1	0	4,1	1
	Schafmilch	182	115	30	12	182	0,5	0,1	0,1	10	1
	Kuhmilch	120	92	45	92	141	0,4	0,05	0	3,3	2
	Buttermilch	144	550	57	15	147	0,5	0,1	0,02	5	8
Gemüse	Möhren	41	36	60	18	290	0,3	2,1	0,3	4	1
	Zucchini	30	23	3	20	152	0,2	1,5	0,1	2,3	1
	Brocoli	105	82	19	24	373	0,9	1,3	0,2	15	1
	Mangold	103	39	90	70	376	0,4	2,7	0,1	1	1
	Paprika rot	8	29	4	14	160	0,1	0,6	0,1	2	4
	Staudensellerie	80	48	16	12	340	0,1	0,5	0,1	0,1	2

je 100 g		Ca mg	P mg	N mg	Mg mg	K mg	Zn mg	Fe mg	Cu mg	I µg	Se µg
Gemüse	Knollensellerie	68	80	77	10	320	0,3	0,5	0	2,8	1
	Kohlrabi	68	50	32	43	380	0,3	0,9	0,1	0,6	1
	Alfalfa Grünmehl	1800	290	175	290	2500	2,3	30	1	35	0
	Fenchel	109	51	86	49	494	0,3	2,7	0,1	5	1
	Kürbis	22	44	1	8	383	0,2	0,8	0,1	1,4	1
	Ruccola	160	0	27	0	0	0	1,5	0	0	0
	Brennessel	713	138	18	0	0	0	4,1	0	0	0
	Spinat	126	55	65	58	633	0,5	4,1	0,1	12	1
	Brunnenkresse	170	52	49	15	230	0,7	2,2	0,1	2	1
	Salatgurke	15	23	9	8	141	0,2	0,5	0,1	2,5	1
	Löwenzahnblätter	158	70	76	36	440	1,2	3,1	0,2	3	1
	Knoblauch	38	134	49	25	620	1	1,4	0,3	2,7	5
	Ingwer Wurzel	97	140	34	0	0	0	17	0	0	0
Obst	Apfel	7	12	3	6	144	0,1	0,5	0,1	1,6	1
	Birne	10	15	2	8	125	0,2	0,3	0,1	1,5	1
	Kiwi	38	31	4	24	300	0,1	0,8	0,1	1,6	1
	Nektarine	7	22	1	10	170	0,1	0,4	0,1	0,5	1
	Ananas roh	16	9	2	17	173	0,2	0,4	0,1	4,5	1
	Himbeere	40	44	2	30	170	0,5	1	0,1	0,6	1
	Banane	9	28	1	36	390	0,2	0,5	0,2	2,8	4
Zusätze	Spirulina	0	700	0	150	0	2,5	50	0	0	0
	Rotalgen	32.600	0	0	0	0	0	0	0	20	0
	Grünlipp Muschelextr.	300	0	200	20	100	0	0	0	0	0
	Eierschalen	37.000	150	150	0	0	12	16	0,4	0	0
	Braunalgen	183	18	0	637	0	0	0	0	150	0

Quellen: *BARFworks* - A.Höger und eigene Analysen - S. Simon

75

je 100 g	A µg	Carotin µg	D µg	E mg	K1 µg	C mg	B1 mg	B2 mg	B6 mg	Niacin mg	Biotin µg	B5 mg	Folsäure µg	B12 µg
Getreide														
Reis gekocht	0	0	0	0,1	0	0	0,08	0,01	0,08	0,7	3	0,39	6	0
Hirse - Sorghum	0	20	0	0,4	0	2	0,43	0,15	0,75	5,1	0	1,1	20	0
Nudeln gekocht	0	0	0	0,1	0	0	0,03	0,01	0,02	0,5	1	0,3	4	0
Haferkleie	0	0	0	0	268	0	0,12	0,2	0,5	0	13	0,7	0	0
Vollkornhafer	0	0	0	1,5	63	0	0,65	0,15	0,17	4,5	0	18,6	80	0
Sesamsamen	0	6	0	2,5	2	0	0,93	0,17		0,75	0		90	0
Weizenkeime	0	62	0	24,7	1000	0	2	0,72	0,49	10	17	1	520	0
Kräuter														
Petersilie Blatt glatt	0	5410	0	1,7	790	166	0,14	0,3	0,2	2,8	0,4	0,3	149	0
Borretsch	0	2500	0	1	0	35	0,06	0,15	0,18	1,2	0	0	35	0
Brunnenkresse	0	4150	0	1,5	0	62	0,16	0,06	0,23	0,8	0	0	24	0
Pfefferminze	0	740	0	1	0	30	0,12	0,33	0,05	1,1	0	0	110	0
Sauerampfer	0	5000	0	1,9	0	50	0,06	0,16	0,2	1	0	0	35	0
Sellerieblatt	0	1200	0	1,6	0	60	0,06	0,1	0,12	0,4	0	0	10	0
Zitronenmelisse	0	3500	0	1	0	45	0,08	0,15	0,05	1,6	0	0	30	0
Ei														
Ei roh ohne Schale	0	900	5	0,8	125	0	0,16	0,53	0,25	5	90	1,4	80	5,4
Milchprodukte														
Joghurt	0	40	0,08	0,1	0,5	2	0,02	0,18	0,05	1	3,5	0,35	4	0,5
Hüttenkäse	0	30	0,05	0,1	0	17	0,03	0,28	0,06	3	6,6	0	15	1
Ziegenmilch	68	35	0,25	0,1	0	2	0,05	0,15	0,03	1,1	3,9	0,31	1	0,1
Schafmilch	50	5	0,16	0,2	0	4	0,05	0,23	0,08	1,6	9	0,35	5	0,5
Kuhmilch	28	17	0,06	0,04	4	2	0,04	0,18	0,4	0,8	3,5	0,35	2	0,4
Buttermilch	0	0	0,01	0	0	1	0,03	0,48	0,04	0,7	1,5	0,3	5	0,2
Gemüse														
Möhren	0	7790	0	0,5	47	7	0,07	0,05	0,3	0,3	5	0,27	55	0
Zucchini	0	180	0	0,5	11	17	0,05	0,09	0,09	0,4	0,1	0	11	0
Broccoli	0	846	0	0,5	250	115	0,1	0,21	0,17	1,5	0,5	1,29	111	0
Mangold	0	3530	0	0,5	14	39	0,1	0,16	0,09	0,7	0	0,17	30	0
Paprika rot	0	2700	0	0,8	14	140	0,04	0,1	0,3	1,5	0	0,23	60	0
Staudensellerie	0	2900	0	0,2	29	7	0,05	0,08	0,09	0,6	0,1	0,43	7	0

	je 100 g	A µg	Carotin µg	D µg	E mg	K1 µg	C mg	B1 mg	B2 mg	B6 mg	Niacin mg	Biotin µg	B5 mg	Folsäure µg	B12 µg
Gemüse	Knollensellerie	0	15	0	0,2	100	8	0,04	0,07	0,2	0,9	0	0,51	76	0
	Kohlrabi	0	200	0	0,4	7	64	0,05	0,05	0,12	2	2,7	0,1	70	0
	Alfalfa Grünmehl	0	4500	0	2,5	0	0	0,52	1,51	0,64	3,3	30	3,7	48	0
	Fenchel	0	4700	0	0,6	240	93	0,23	0,11	0,1	0,2	0	0	100	0
	Kürbis	0	582	0	1,1	5	12	0,05	0,07	0,11	0,6	0	0,4	36	0
	Ruccola	0	233	0	0	0	0	0,04	0,09	0,07	0,3	0	0	0	0
	Brennessel	0	800	0	0	0	300	0	0	0	0	0	0	0	0
	Spinat	0	4690	0	1,4	335	52	0,11	0,23	0,22	1,3	6,9	0,25	145	0
	Brunnenkresse	0	4150	0	1,5	57	62	0,16	0,06	0,23	0,8	0	0,06	0	0
	Salatgurke	0	393	0	0,1	16,14	8	0,02	0,03	0,04	0,2	0,9	0,24	27	0
	Löwenzahnblätter	0	7900	0	2,5	600	30	0,19	0,17	0	0,8	0	0	50	0
	Knoblauch	0	10	0	0,1	300	14	0,2	0,08	0,38	0,6	0	0	5	0
	Ingwer Wurzel	0	0	0	0	0	0	0	0	0	0	0	0	0	0
Obst	Apfel	0	26	0	0,5	2,2	12	0,04	0,03	0,05	0,3	4,5	0,1	12	0
	Birne	0	16	0	0,4	0	5	0,03	0,04	0,02	0,2	0,1	0,06	14	0
	Kiwi	0	43	0	0,5	28,5	71	0,02	0,05	0,15	0,4	0	0	16	0
	Nektarine	0	80	0	0,5	0	35	0,02	0,04	0,02	0,9	0	0	3	0
	Ananas roh	0	60	0	0,1	0,1	19	0,08	0,03	0,08	0,2	0	0,18	4	0
	Himbeere	0	16	0	0,5	0,5	25	0,02	0,05	0,08	0,5	0	0,3	30	0
Zusätze	Banane	0	29	0	0,3	0,5	12	0,04	0,06	0,4	1	5,5	0,23	17	0
	Spirulina	0	0	0	5	0	0	0	0	0	0	0	0	0	0
	Rotalgen	0	0	0	0	0	0	0	0	0	0	0	0	0	0
	Grünlipp Muschelextr.	0	0	0	0	0	0	0	0	0	0	0	0	0	0
	Eierschalen	0	0	0	0	72	0	0	0	0	0	0	0	0	0
	Braunalgen	0	0	0	0	0	0	0	0	0	0	0	0	0	0

Quellen: *BARFworks* - A.Höger und eigene Analysen - S. Simon

Bezugsquellen

Fleisch

Auf der Seite von www.rohfutterlieferanten.de finden Sie eine europaweite Fleischlieferanten-Datenbank, nach PLZ und Land geordnet.

Ergänzungsfuttermittel

www.barfshop.de - große Auswahl an Nahrungsergänzungsmitteln, insbesondere die Kräutermischungen der Autorin sowie von Juliette de Bairacli Levy
meinhund.webstores.ch - Vertrieb DHN Produkte Schweiz
www.barf.fr - Vertrieb DHN Produkte Frankreich

Weitere Infos im Internet

Ernährung

www.barfers.de - private Homepage der Autorin - Infos zu BARF und Naturheilkunde
www.gesundehunde.de/forum - Forum zu BARF und Naturheilkunde bei Hunden
www.barfers.de/barf_berater.html - Ausbildung zum Ernährungsberater für Hund & Katze mit Schwerpunkt BARF
www.hundeheilpraktik.de - Tierheilpraxis der Autorin

Impfungen

haustiereimpfenmitverstand.blogspot.com - Infos zu Impfungen bei Hunden und Katzen

Literaturempfehlungen

Ernährung

Das Kräuterhandbuch für Hund & Katze - Juliette de Bairacli Levy
BARF - Biologisch Artgerechtes Rohes Futter für Welpen & Trächtige Hündinnen - Swanie Simon
BARF SENIOR - Swanie Simon
Futterprobleme bei Hunden - Vera Biber
Holistic Guide for a Healthy Dog - Wendy Volhard and Kerry Brown

Kräuterheilkunde

Herbs for Pets - Mary Wulff-Tilford

Impfungen

Haustiere impfen mit Verstand - Monika Peichl